高等教育艺术设计精编教材

装饰材料与施工工艺

吕从娜 惠博 编著

清华大学出版社
北 京

内 容 简 介

本书主要介绍了装饰材料的种类、性能及施工工艺流程，以完成主体的三大任务作为全书的重点，包括隐蔽工程、主体工程、组织工程。本书重视基础性知识的适用性、科学性和实践性，不仅着眼于艺术设计类专业，也适合其他相关专业的基础教学要求。全书按照简明实用的原则进行编写，致力于加强学生的创新意识和应用能力的培养，通过大量案例的直观解读及教学设计，为初学者和专业教师提供了难得的学习和借鉴的内容。

本书既可作为普通高等院校环境设计、室内设计、环境艺术设计类专业的教材，也可作为高职高专院校及广大艺术设计爱好者入门学习的教材或参考资料。

图书在版编目（CIP）数据

装饰材料与施工工艺/吕从娜，惠博编著. —北京：清华大学出版社，2020.8
高等教育艺术设计精编教材
ISBN 978-7-302-55798-2

Ⅰ. ①装… Ⅱ. ①吕… ②惠… Ⅲ. ①建筑材料－装饰材料－高等学校－教材 ②建筑装饰－工程施工－高等学校－教材 Ⅳ. ①TU56 ②TU767

中国版本图书馆 CIP 数据核字(2020)第 110974 号

责任编辑：张龙卿
封面设计：陈禹竹　徐日强
责任校对：袁　芳
责任印制：刘海龙

出版发行：清华大学出版社
网　　址：http：//www.tup.com.cn，http：//www.wqbook.com
地　　址：北京清华大学学研大厦 A 座　　**邮　　编**：100084
社 总 机：010-62770175　　**邮　　购**：010-62786544
投稿与读者服务：010-62776969，c-service@tup.tsinghua.edu.cn
质量反馈：010-62772015，zhiliang@tup.tsinghua.edu.cn
课件下载：http：//www.tup.com.cn，010-83470410
印 装 者：三河市铭诚印务有限公司
经　　销：全国新华书店
开　　本：210mm×285mm　　**印　　张**：9　　**字　　数**：256 千字
版　　次：2020 年 9 月第 1 版　　**印　　次**：2020 年 9 月第 1 次印刷
定　　价：59.00 元

产品编号：082025-01

序

在装饰材料市场日新月异、施工技术不断发展的今天，装饰材料与施工工艺知识储备已经成为空间设计师不可或缺的职业素养之一，它要求设计师对于装饰材料的选择、构造设计及施工工艺等内容有广泛的认知，并能够切实有效地运用，以期为各类空间设计夯实根基。

本书通过详细讲解装饰材料、施工工艺理论及进行案例解析，使读者可以充分了解材料与工艺的基本审美体系和设计思路，掌握各类装饰材料的性能、设计参数及规范要求，了解室内空间设计中各个界面的基本做法、构造要求及产品选型，认识各类工序的施工工艺流程，并通过选编的项目工程案例完成从理论学习到工程实践的过渡。

环境设计专业的教学理念在不断更迭。在实际教学过程中，尤其需要加强对学生应用实践能力的培养，强化校企合作和项目教学，使学生在案例分析或完成项目的过程中增强实操能力；注重“教”与“学”的互动，重视实践，更新观念，并为学生提供工程实践的广阔平台。

本书编者均为长期奋战在教学一线的优秀教师，他们治学严谨，授课有道，书中蕴含着编者在教学改革与实践探索中积累的阶段性成果，希望能为同行业人士提供专业技术方面的参考借鉴，尤其是给高等院校环境设计专业的学生以诸多启示，也希望专家、学者们多提宝贵意见与建议。

沈阳建筑大学设计与艺术学院教授

前　言

装饰材料与施工工艺是环境设计专业、室内设计专业、环境艺术设计专业必修的一门专业基础课程。本课程作为入门设计师必须掌握的一门重要课程，需要设计师牢固掌握各类装饰材料的性能及施工的工艺理论知识和实践知识。

本书汇集了笔者多年的设计实践经验，也是笔者对高等院校多年教育工作的研究和总结，同时在本书的编写过程中征求了20余家企业的意见并与企业工程师联合编写。

为了培养学生能成为真正的设计师，本书从实战出发，从“零”开始，使读者即使没有基础也可以掌握装饰材料的种类、性能及施工的工艺方法和程序。本书不仅包含了全面的理论知识，更注重实践能力，通过不同的案例进行理论分析，使读者掌握不同材料的装饰方法和要点，并加速提升读者的设计能力。

本书共4章，采用理论与实践相结合的方式讲述。在理论部分加入了多个案例，使学生能更好地掌握装饰材料的性能、种类及施工工艺的方法和流程。

第一章为概述部分，对装饰材料的作用、发展趋势、分类与选择进行简单的介绍；第二章为十大类装饰材料部分，详细介绍其具体分类、性能、优缺点及使用范围；第三章为装饰施工工艺部分，主要讲授施工工程中水路工程、电路工程、瓦工工程、木工工程、油工工程的施工流程和工艺；第四章为案例分析部分，主要介绍装饰工程施工的典型案例，通过对案例的分析，使学生能够明确设计的材料和工艺，并能够在设计中利用所学知识解决材料选择和工艺实现等问题。

本书由沈阳城市建设学院吕从娜、惠博老师负责编写。本书在编写过程中得到了很多专家的帮助，特别感谢香港榀森设计有限公司张秭含先生、沈阳绿港装饰工程有限公司蔡龙腾先生、东易日盛家居装饰集团股份有限公司南京分公司赵兵先生、北京龙发建筑装饰工程有限公司沈阳第一分公司秦子童女士、沈阳玖拾空间设计事务所何志峰先生、沈阳中宇成方装饰工程有限公司杨风岭先生、沈阳长恒汇众商贸有限公司李长虹女士的大力协助，同时也十分感谢相关参考图书及资料的作者。

编　者

2020年4月

目 录

装饰材料与施工工艺

第四章　案例分析 / 118

参考文献 / 135

第一章
概　述

第一节　装饰材料的作用及发展趋势

一、装饰材料的作用

用于建筑空间界面（如墙面、柱面、地面及顶棚）的装饰材料，不仅能影响建筑空间装饰设计效果，同时兼具保护建筑物主体结构和改善建筑物使用功能的作用，通过装饰材料的质感、色彩、图案及形状、尺寸等因素来表现建筑物，因此装饰材料有着装饰美化、保护建筑物和装饰使用功能等作用。

- 装饰美化作用：建筑物的装饰设计效果除了与它的立面造型、空间尺度和功能分区等建筑设计手法和建筑风格有关以外，还与建筑物中所选用的装饰材料有着重要的联系，往往通过材料的色调、质感、形状以及尺寸来表现。
- 保护建筑物：建筑物常会受到室内外各种不利因素的影响，装饰材料多是处于基体的表面，所以装饰材料应具有一定的保护机能，具有较好的耐久性，如外墙、医院大门等。
- 装饰使用功能：各种建筑空间均具有不同的功能要求，因此装饰材料也应具有相应的功能，满足建筑装饰场所的功能需要，如卫生间的防水、防滑，公共空间的防火、吸音等。

现代装饰材料，不仅能改善室内空间环境，使人们得到美的享受，同时还兼具绝热、防潮、防火、吸声、隔音等多种功能，起着保护建筑物主体结构，延长其使用寿命以及满足使用者感官需求的作用，是现代室内空间装饰的依托。

二、装饰材料的发展趋势

1. 多方向全方位的发展

随着科学技术的不断发展和人类生活水平的不断提高，建筑装饰向着多品种、多功能、易施工、防火阻燃、环保的方向发展。

- 多品种：随着社会生产力的发展和人类文明的进步，建筑装饰材料的品种不断更新和增加，性能和应用范围也越来越广。
- 多功能：现在装饰材料的功能具有多重性，能满足一种或多种功能的要求。
- 易施工：采用现代先进的施工技术，降低施工人员的劳动强度。

- 防火阻燃：面对现代公共空间场所，装饰材料的防火性能是必须要考虑的问题，国家颁布的《建筑内部装修防火设计规范》已有明确要求。
- 环保：随着人们生活水平的提高，人们开始对周围环境越来越关注，特别是自从 2002 年 SARS 以来，以人为本的呼声高涨，装饰材料作为一种与人的居住环境紧密相关的材质，势必要尽量降低对人体的危害，具有绿色环保的性能。

2. 顺应安全和谐的生态环境发展

随着人类环保意识的增强，装饰材料在生产和使用的过程中将更加注重对生态环境的保护，向营造更安全、更健康的居住环境的方向发展。现代建筑装饰材料中，天然的材料较少，人工合成的材料较多，大多数装饰材料中都会含有一些对人体有害的物质，但那些基本达到了国家质检环保标准的材料，其有害物质对人体的危害是可以忽略不计的。

所谓装修污染导致人体的不适，更多的是由于施工中采用的劣质材料和达不到国家环保标准的材料所致。污染源主要有以下几种。

（1）甲醛

甲醛是一种无色易溶解的刺激性气体，是世界卫生组织认定的高致癌物质。吸入过量的甲醛后，会引起慢性呼吸道疾病、过敏性鼻炎、免疫功能下降的问题。此外，甲醛还是鼻癌、咽喉癌、皮肤癌的主要诱因。甲醛污染主要来自胶合板、细木工板（大芯板）、中密度板和刨花板等胶合板材，以及胶黏剂、化纤地毯、油漆涂料等材料。

（2）苯

苯可以抑制人体的造血机能，致使白细胞和血小板减少，人吸入过量的苯物质，轻者可以导致头晕、恶心、乏力等问题，严重者可直接导致昏迷。过度吸入苯会使肝、肾等器官衰竭，甚至诱发血液病。苯污染的主要来源是合成纤维、塑料、燃料、橡胶以及其他合成材料等。

（3）氡

氡是一种天然放射性气体，无色无味。氡能够影响血细胞和神经系统，严重时还会导致肿瘤的发生。氡污染的主要来源是花岗岩等天然石材（放射性元素有个衰竭期，超过衰竭期可放心使用，运用先进的技术，可以提前完成衰竭期）。

（4）二甲苯

短时间内吸入高浓度的甲苯或二甲苯，会出现中枢神经麻醉的症状，轻者会导致头晕、恶心、胸闷、乏力；重者会导致昏迷，甚至会由此引发呼吸道系统的衰竭而导致人的死亡。二甲苯的污染主要来自于油漆、各种涂料的添加剂以及各种胶黏剂、防水材料等。

因此，装修之后尽量待气味散尽再入住，可以保持通风状态来稀释室内的有害物质，或是在室内摆放一些阔叶类植物，既有吸收甲醛、苯、一氧化碳等有害气体的功能，又可美化环境，一举两得。市场上也有一些诸如空气净化器、活性炭、甲醛吸附器等，可以放入室内净化环境。

3. 突出材料特性的优势发展

随着市场对装饰空间的要求不断升级，装饰材料的功能也由单一向多元化发展。

4. 不断创新并优化资源性的发展

随着人口居住的密集和土地资源的紧缺，建筑日益向框架型的高层发展，高层建筑对材料的重量、强度等方面都有新的要求。为便于施工和安全，装饰材料的规格越来越大，质量越来越轻，强度越来越高。

5. 保证装饰材料成品化、标准化的发展

随着人工费的急剧增加、装饰工程量的加大和对装饰工程质量的要求不断提高，为保证装饰工程的工作效率，装饰材料向着成品化、安装标准化方向发展。

6. 满足互联网下新生活方式的发展

随着计算机技术的发展和普及，装饰工程向智能化方向发展，装饰材料也向着与自动控制相适应的方向扩展，商场、银行、宾馆多已采用自动门、自动消防喷淋头、消防与出口大门的联动等设施。

第二节 装饰材料的分类与选择

一、装饰材料的分类

装饰材料的品种繁多，发展迅速，更新换代速度迅猛。装饰材料分类方法较多，可以按材料的材质分类、按材料在建筑物中的装饰部位分类、按材料的燃烧性能分类、按装饰用途分类等。

1. 按材料的材质分类

- 无机材料：包括天然石材、陶瓷、玻璃、不锈钢。
- 有机材料：包括木材、有机塑料、有机涂料等。
- 复合材料：包括人造大理石、铝塑板、真石漆等。

2. 按材料在建筑物中的装饰部位分类

- 外墙装饰材料：包括天然石材、人造石材、陶瓷、外墙涂料、铝塑板等。
- 内墙装饰材料：包括石材、内墙涂料、壁纸、墙布、木制品。
- 地面装饰材料：包括石材、地毯、地砖、木地板等。
- 顶棚装饰材料：包括纸面石膏板、矿棉吸音板、硅酸钙板、木丝吸音板、PVC 扣板、铝扣板等。
- 屋面装饰材料：包括彩色涂层钢板、阳光板、玻璃等。

3. 按材料的燃烧性能分类

按材料的燃烧性能划分为四级，如表 1-1 所示。

表 1-1 按材料的燃烧性能划分等级

材料等级	是否具有可燃性	材 料 举 例
A 级材料	具有不燃性（不起火、不燃烧、不碳化）	如装饰石膏板、花岗岩、大理石、玻璃等
B1 级材料	具有难燃性（难起火、难微燃、难碳化）	如装饰防火板、阻燃塑料地板、阻燃墙纸等
B2 级材料	具有可燃性（微燃、起火）	如胶合板、木工板、墙布等
B3 级材料	具有易燃性（立即起火、迅速燃烧）	如油漆、酒精、香蕉水等

4. 按装饰用途分类

（1）顶棚装饰材料

通过顶棚装饰材料和建筑形式组合，充分利用房间顶部结构特点及室内净空高度，通过平面或立体设计，形成具有功能与美学相统一的建筑装饰效果。常用的顶棚装饰板有木质装饰板、纸面石膏装饰板、硅钙板、嵌装式装饰石膏板、防火珍珠岩石膏板、膨胀珍珠岩装饰吸声板、矿棉装饰吸声板、PVC 扣板、铝合金扣板等。

（2）墙面装饰材料

墙面装饰材料应用于墙面，起防护、装饰的作用，是建筑装饰材料中不可或缺的一部分。墙面材料可以分为涂料、陶瓷、石材、壁纸、墙布、泥类、人造装饰板等常见类型。

（3）地面装饰材料

常见的地面装饰材料有木地板、石材、瓷砖等材料，由于这些装饰材料的材质存在差异，因此，在选择地面装饰材料时需要根据预算及装修风格来选择地面装饰材料。地面装饰材料应具有安全性、耐久性、舒适性、装饰性。

二、装饰材料的选择

1. 装饰材料选择的注意事项

- 材料的外观：主要是指材料的形体、质感和色彩等方面的因素。
- 材料的功能性：材料所具有的功能应该与材料使用场所的特点结合起来。
- 材料的经济性：装饰工程的投资在保证整体装饰效果的基础上，应充分考虑到装饰材料的性价比，使投资变得经济合理。

2. 建筑装饰结构的安全设计技术要求

（1）建筑装饰结构安全技术

① 装饰构件自身的强度、刚度和稳定性。

② 装饰对主体结构安全的影响。

③ 装饰构件与建筑主体结构的节点连接。

（2）装饰工程的防火设计技术

① 装修材料的正确选用。

② 装饰工程中防火部位与消防施工要求把关。

③ 遵循装饰防火设计控制原则，并进行结构上的防火处理。

3. 装饰构造的设计与表现

装饰施工图的图示原理与建筑施工图完全一样，用正投影方法并按国家建筑制图标准绘制，着重表达装饰设计、结构、尺度、构造、材料、色彩与做法。

装饰施工图的内容一般包括室内装饰平面布置图、地面装饰平面图、室内各项立面图、顶棚平面图以及表达装饰件和装饰面的某个具体部位详细构造做法的装饰详图等。

思考练习题

1. 装饰材料有哪些作用?
2. 装饰材料的发展趋势是什么?
3. 装饰材料有哪些种类?

第二章 装饰材料

第一节　装饰管线材料

一、电线、电线管套

电线胶管保护套通常采用尼龙材质或聚乙烯材质制成，这是为了保护电子线材内部不受摩擦、浸水等而损害所使用的产品。

电线之所以套在电线管里，是因为电线外层的塑料绝缘皮长时间使用后，塑料皮会老化开裂，绝缘水平会大幅度下降，一旦墙体受潮、电线负载过大或者短路时，就会加速绝缘皮层的损坏，容易造成大面积漏电而危及人身安全。另外，泄露的电流在流入地面途中，如遇电阻较大的部分，会产生局部高温，致使附近的可燃物着火，引起火灾。所以从安全角度考虑，必须将电线套入线管中。此外，将电线套在电线管里也方便日后线路检修和维护，有问题可以将电线从线管中抽出。因此，在施工时必须将电线穿入电线套管中，同时电线的截面积不得超过线管截面积的 40%，这样才能从根本上杜绝安全隐患并方便日后的维修，如图 2-1 和图 2-2 所示。

图 2-1　电线、电线管套示意图

图 2-2　电线胶管保护套示意图

二、PPR 水管

PPR（polypropylene random，无规共聚聚丙烯）俗称三型聚丙烯。PPR 管是 UPVC 给水管、铝塑管、PE 管、PE-X 管、PE-RT 管的更新换代产品。由于它使用无规共聚技术，使聚丙烯的强度、耐高温性得到很好的保证，

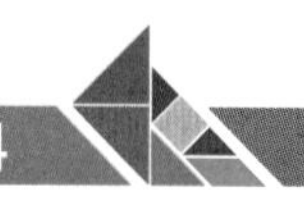

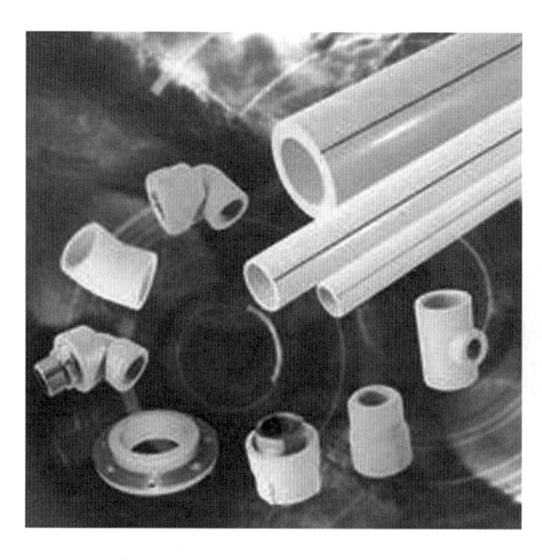

图 2-3 PPR 水管示例（1）

从而成为水管材料的主力军。

PPR 水管采用热熔接的方式，有专用的焊接和切割工具，有较高的可塑性，外加的保温层使保温性能更好，管壁光滑不结垢。PPR 水管不包括内外丝的接头，它一般用于内嵌墙壁或深井预埋管中，如图 2-3 所示。

1. PPR 水管的优点

（1）卫生、健康、环保。聚丙烯是环保材料，PPR 水管可用作饮用水输送。

（2）接头用热熔连接，成为一体，完全无渗漏，也避免了胶水粘接有毒性。其他材料用丝口连接，其防渗性要差一点。

（3）输送阻力小。

（4）价格便宜适中。

（5）使用寿命长，按国家标准 GB/T 18742 生产和使用时，可以使用 50 年。

2. PPR 水管颜色的特点

（1）厂家使用的 PPR 颗粒有多种颜色，比如灰色、白色、绿色等，多数公司都是直接购入透明原料。市面上看到的不同颜色的 PPR 管是因为加入了不同颜色的色母料。

（2）PPR 水管颜色和质量没有必然联系，但是白色 PPR 避光检测不合格的情况较多，而灰色、绿色则不存在这些问题。另外，受生活习惯影响，北方多用白色 PPR 管材，而南方则用灰色 PPR 管较多。

（3）PPR 水管的冷水管与热水管用不同颜色标识。PPR 管分为冷水管与热水管，冷水管上有蓝色标识线，热水管上是红色线。

3. 安装方式

PPR 水管采用暗敷管道形式。埋嵌到墙壁、楼板等的管道是能够防止膨胀的。如果管道有隔离材料（符合标准），这些隔离材料能允许更多的膨胀。

4. PPR 水管的劣势

PPR 水管的主要缺陷是耐高温性、耐压性稍差些，长期工作温度不能超过 70℃；每段长度有限，且不能弯曲施工。如果管道铺设距离长或者转角多，在施工中就要用到大量接头。另外，尽管管材便宜，但配件价格相对较高。不过，从综合性能上来讲，PPR 管是性价比较高的管材，所以成为家装水管改造的首选材料，如图 2-4 所示。

图 2-4 PPR 水管示例（2）

三、铝塑复合管

铝塑管（aluminum plastic tube）是一种由中间纵焊铝管，内外层聚乙烯塑料、层与层热熔胶共挤复合而成的新型管道。聚乙烯是一种无毒、无异味的塑料，具有良好的耐撞击、耐腐蚀等性能。铝塑管（铝塑复合管）是市面上较为流行的一种管材，由于其质轻、耐用而且施工方便，具有可弯曲性，更适合在家装中使用（见图 2-5）。

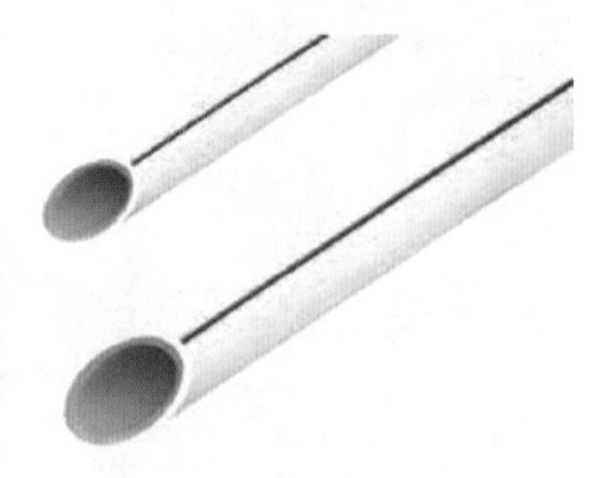

图 2-5 铝塑管示例

铝塑管内外层均为特殊聚乙烯材料，清洁无毒、平滑，可使用 50 年以上，中间铝层可完全隔绝气体渗透，并使管子同时具有金属和塑胶管的优点，而且剔除了各自的缺点。

1. 铝塑管的分类

铝塑管按用途分类有普通饮用水管、耐高温管、燃气管，各类管材特点及用途如下。

（1）普通饮用水用铝塑复合管：白色 L 标识，适用范围为生活用水、冷凝水、氧气、压缩空气，以及作为其他化学液体的输送管道。

（2）耐高温用铝塑复合管：红色 R 标识，主要用于工作水温长期为 95℃以上的热水及采暖管道系统。

（3）燃气用铝塑复合管：黄色 Q 标识，主要用于输送天然气、液化气、煤气管道系统。

注意： *管道施工时，必须遵守相应的技术规程。*

2. 铝塑管的用途

（1）冷热水管道系统。铝塑复合管内部平滑，耐腐蚀，不结水垢，比金属管道流量大 30%。容易弯曲，能直接绕过梁柱安装，能埋于墙壁与混凝土内。用一个简单的金属探测器便能探测其位置，非常适用于工业与民用建筑中冷热水管路系统使用。

（2）室内燃气管道系统。纵向焊接的铝管夹在塑料中间，使管道经受较高的工作压力，使气体（氧气）渗透率为零，且管子长可以减少接头数量，避免渗漏，所以这种管用于压缩空气、煤气、氧气等气体输送线路是安全可靠的。

（3）太阳能空调配管系统。铝塑复合管不易结霜，保温性好，可以提高太阳能和空调系统的效率。

3. 铝塑管的优势

（1）突出的卫生性能。铝塑管内外层均为特殊聚乙烯材料，清洁无毒。最重要的是铝塑管的中间层是铝，它不仅能够隔光，而且能够阻隔氧气。铝塑管的中间铝层杜绝了微生物和藻类植物的滋生，这是全塑管所不能及的。

全塑管不仅本身加入了大量抗氧剂以防止材料降解，抗氧剂萃取进入管道滞留的水中，容易造成水质污染，而且因为全塑管中没有隔光阻氧的材料，极易滋生微生物而导致水质的二次污染。

（2）耐高低温性能优异。受温度变化时，变形量较小，铝塑管为柔性盘管，管道本身可以消化一定的变形量，不会造成管路系统的热胀变形，全塑管的耐高低温性能相对较差。由于 PPR 管为直管，本身不能消化变形量，故易造成系统弯曲变形甚至漏水。

(3) 使用寿命长。铝塑复合管所用的PE塑料，由于铝塑管中间铝层将内外层隔离，外层塑料允许加入足以抵抗光、氧老化的稳定剂而不影响接触水的内层卫生性，从而加强它的抗老化性能。

第二节 装饰石材

装饰石材包括天然石材和人造石材。天然石材是一种有悠久历史的建筑装饰材料，国内著名的有秦汉时期的古长城、敦煌石窟中的石材，清朝的圆明园中使用的石材；国外著名的有古埃及的金字塔、希腊雅典卫城神庙等古代建筑中所用的石材。天然石材作为结构材料来说，具有较高的强度、硬度和耐磨、耐久等优良性能。近年来发展起来的人造石材，无论在材料加工生产、装饰效果和产品价格等方面都显示了其优越性，成为一种有发展前途的建筑装饰材料。

一、天然石材

天然石材是指从天然岩体中开采而得的荒料，经过锯切、研磨、抛光等工艺加工而成的块状、板状材料。

天然石材来自岩石，岩石按形成条件可分为大理石、岩浆岩和天然文化石三大类。

1. 大理石

大理石是地壳中原有的岩石，受岩浆活动、构造运动、地壳内热流变化等内动力的影响，在不同温度和压力下，其矿物成分和结构发生不同的变化，从而形成这类岩石。

大理石在变质过程中混入了其他杂质，形成了不同的色彩，比如，含碳呈黑色、灰色，含亚氯酸盐产生绿色，含铁氯化物形成红色、黄色。在大理石形成过程中，局部会堆积形成纹理（如条纹、点纹、云纹等），如图2-6和图2-7所示。

图2-6 大理石式样

图2-7 待运输的大理石板材

大理石的名称源于其盛产地中国云南大理，主要用于加工成各种形材、板材，作建筑物的墙面、地面、台、柱。大理石还常用于纪念性建筑物如碑、塔、雕像等的材料，另外，大理石也可以雕刻成工艺美术品、文具、灯具、器皿等实用艺术品。

大理石命名原则不一，有的以产地和颜色命名，如丹东绿、铁岭红等；有的以花纹和颜色命名，如雪花白、艾叶青；有的以花纹形象命名，如秋景、海浪；有的是传统名称，如汉白玉、晶墨玉等。因产地不同，常有同类异名或异岩同名现象出现。

2. 岩浆岩

岩浆岩是岩浆浸入地壳中或喷出地表冷凝而形成的岩石。这类岩石在地球上的数量最多，有花岗岩、玄武岩、火山岩、凝灰岩等。在岩浆岩中，花岗岩是一种分布最广的酸性火成岩，按其形成的矿物粒度可分为细粒花岗岩、中粒花岗岩和粗粒花岗岩。现在市面上所说的呈点斑结晶颗粒状的是花岗岩。

3. 天然文化石

“文化石”是个统称，可分为天然文化石和人造文化石两大类，此处只介绍天然文化石。

天然文化石是开采于自然界的石材矿床，其中的板岩、砂岩、石英石经过加工，成为一种装饰建材。天然文化石材质坚硬，色泽鲜明，纹理丰富，风格各异，具有抗压、耐磨、耐火、耐寒、耐腐蚀、吸水率低等优点，如图 2-8 所示。天然文化石最主要的特点是耐用，不怕脏，可无限次擦洗。但因装饰效果受石材原纹理限制，天然文化石除了方形石外，其他的施工较为困难。

图 2-8　天然文化石

二、人造石

人造石材是人造大理石和人造玛瑙的总称，是用不饱和聚酯树脂与填料、颜料混合，加入少量引发剂，经一定的加工程序制成的。在制造过程中配以不同的色料可制成具有色彩艳丽、光泽如玉，酷似天然大理石的制品。

人造石材的特点如下。

(1) 外观：表面光洁，无气孔、麻面等缺陷，色彩美丽，基体表面有颗粒悬浮感，具有一定的透明度。

(2) 物理、化学性能：具有足够的强度、刚度、硬度，特别是具有足够的耐冲击性，抗划痕性好。

(3) 耐久性：具有耐气候老化、尺寸稳定、抗变形以及耐骤冷骤热性。

人造石具有无毒、无渗透，易切削加工，色彩可任意调配，形状任意浇铸，能拼接各种形状及图案，能与水槽连体浇铸，拼接不留痕迹等优点，如图 2-9 所示。而天然大理石除硬度高于人造石外，其他方面是无法与人造石相比的，有些天然大理石还具有放射性物质，对人体有害。

要使人造石产品具有比较完美的外观，后固化处理非常重要。所谓的后固化处理，就是将人造石产品在一定的温度下保温数小时。一般来说，聚酯树脂固化脱模后的强度只达到最大强度的 50% 左右，到完全固化需几周甚至几个月的时间，而最终固化可以使人造石制品的强度与耐水性能大幅度增加。采用后固化处理可以克服变形、开裂等缺点，提高

图 2-9　人造石材式样

表面耐水性、耐热冲击性，增加基体树脂强度，有利于提高制品的硬度和光泽，延长使用寿命，如图 2-10 ~图 2-12 所示。

另外，前面提到的人造文化石是目前市场上常见的一种人造石材（见图 2-13）。

图 2-10 人造石材装饰实例（1）

图 2-11 人造石材装饰实例（2）

图 2-12 人造石材装饰实例（3）

图 2-13 人造文化石

人造文化石是采用浮石、陶粒、硅钙等材料经过专业加工精制而成的，采用高新技术把天然形成的每种石材的纹理、色泽、质感以人工的方法进行升级再现，效果极富原始、自然、古朴的韵味。高档人造文化石具有环保节能、质地轻、色彩丰富、不霉、不燃、抗融冻性好、便于安装等特点。

目前，市场上常见的人造文化石有板岩、锈板、蘑菇石、彩石砖等。

- 板岩：主要有青石板、紫红板、绿条纹、黄木纹等，是一种特殊的层状纹理。板岩主要用于室内外、公园、步行街的地面装饰。
- 锈板：一般分为粉锈、水锈、玉锈、紫锈、红锈等。锈板具有色彩绚丽，图案多变，自然、原始、神秘、浪漫的特点，一般具有暖色的亲和力，可应用于酒吧、咖啡屋、居室、庭院等建筑物的墙面和地面装饰。
- 蘑菇石：它具有古城堡墙石的造型，凝重而又奔放，粗犷的外表给人带来怀旧的情愫。蘑菇石由人工精心打造而成，按色彩可分为绿石英、绿砂岩、白砂岩、高粱红、粉砂岩、因棕板等，如图 2-14 所示。

- 彩石砖：有白砂岩条、粉砂岩条、莹青板条、锈砖条、红砖条、青砖条等，是自然面和自然色彩的天然石材薄砖条，主要用于室内外墙面装饰，如图 2-15 所示。

图 2-14　蘑菇石

图 2-15　彩石砖

第三节　装饰陶瓷

一、釉面砖

表面经过施釉高温高压烧制处理的瓷砖就是釉面砖，它由土坯和表面的釉面两部分构成。根据主体特点，釉面砖又分陶土和瓷土两种，陶土烧制出来的背面呈红色，瓷土烧制出来的背面呈灰白色。

釉面砖表面可以做各种图案和花纹，比抛光砖色彩和图案丰富。因为表面是釉料，所以釉面砖的耐磨性不如抛光砖。釉面砖的色彩图案丰富，规格多，清洁方便，选择空间大，适用于厨房和卫生间。相对于抛光砖，釉面砖最大的优点是防渗，不怕脏。大部分釉面砖的防滑度都非常好，而且釉面砖表面还可以烧制各种花纹图案，风格比较多样。虽然釉面砖的耐磨性比抛光砖稍差，但合格的产品的耐磨度完全能满足家庭使用的需要，如图 2-16 所示。

图 2-16　釉面砖式样及效果展示

二、通体砖

通体砖是表面不上釉的陶瓷砖，而且正反两面的材质和色泽一致。通体砖是一种耐磨砖，虽然现在还有渗花通体砖等品种，但花色比不上釉面砖，如图 2-17 所示。

图 2-17 通体砖示例

1. 通体砖的特性及种类

通体砖的种类不多，花色比较单一。常用种类有自洁砖系列、粉砂系列、大颗粒系列、红岩系列、岩石系列、劈开系列、蚀文系列、月扇系列、古域系列、川岩系列等。

(1) 自洁砖系列：能有效地分解附着在瓷砖表面的油、酸等物质，使灰尘、污垢无法紧贴在瓷砖表面，遇风雨便会自动冲洗干净，达到自洁效果，如图 2-18 所示。

图 2-18 自洁砖示例

(2) 粉砂系列：有着自然的魅力，是现代人苦苦追寻的一种细致入微的感觉，让人暂时忘却纷扰，投入宁静祥和的空间，荡涤铅华，如图 2-19 所示。

(3) 大颗粒系列：用多元化的大颗粒材料及科学、考究的工艺处理手段制作而成。这类砖的质地厚重密实，体现出表里如一的品质，使墙面富有特色，如图 2-20 所示。

(4) 红岩系列：大多采用有亲和力的铁红暖色，表面自然、细腻、原始，色调富于变化，有浓郁的古典色彩和特色，如图 2-21 所示。

(5) 岩石系列：该系列类似岩石的自然劈离，又似风蚀的熔岩，纯朴厚实，平添了广阔的艺术创意特色，如图 2-22 所示。

(6) 劈开系列：该系列有蚀孔状态的砖面，自然的拉痕，十分接近风化的效果，接近自然的个性化设计，可以迎合最独特的构思和理念，如图 2-23 所示。

(7) 蚀文系列：经过天然雕刻，使砖面表现细腻密实，可用于演绎古老的文化。

(8) 月扇系列：该系列用月扇造型并为之配上相应的色调，表现出一种古朴厚重的基调，可用于自然清新及高贵典雅的建筑效果，如图 2-24 所示。

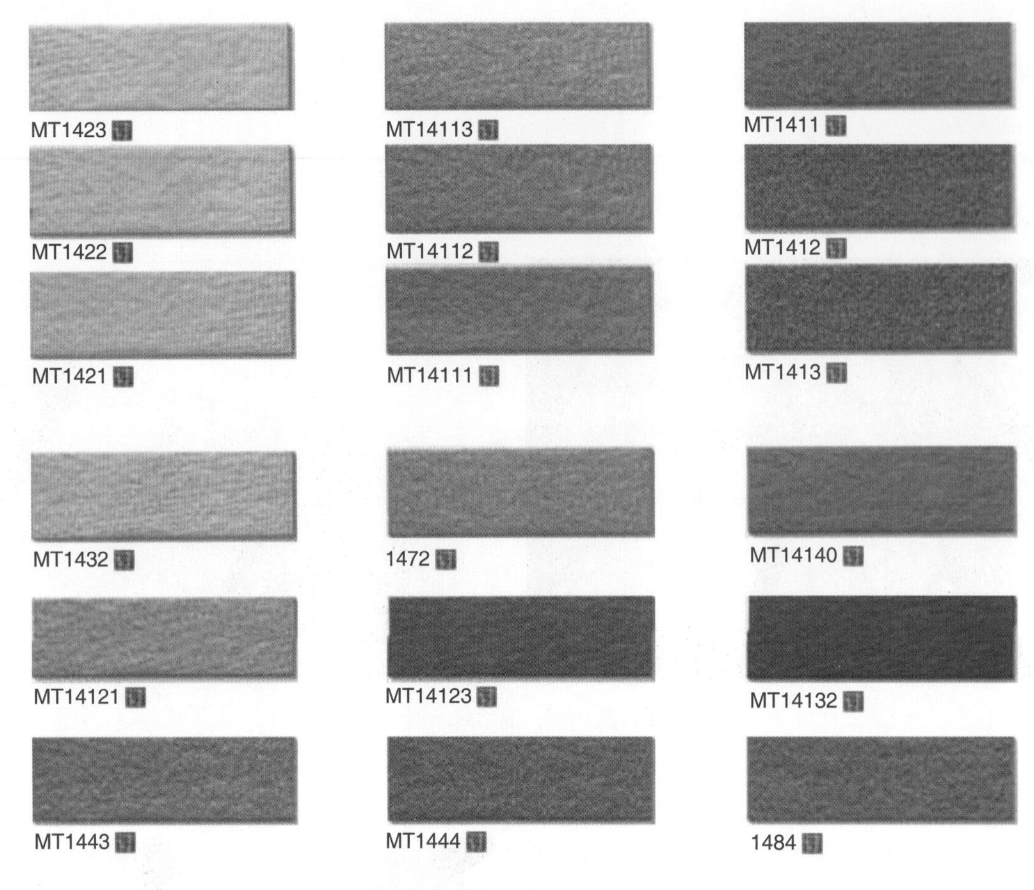

图 2-19　粉砂系列通体砖示例

图 2-20　大颗粒系列通体砖示例

图 2-21　红岩系列通体砖示例

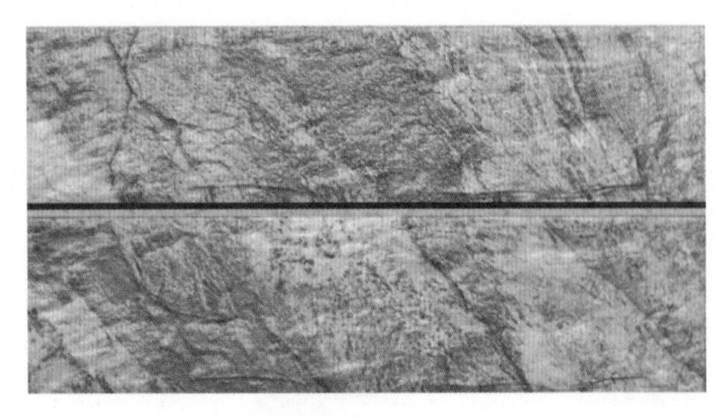

图 2-22　岩石系列通体砖示例

图 2-23　劈开系列通体砖示例

(9) 古域系列：肌理有天然雕琢的呈现，带有石锈斑的修饰性，使墙面显得古朴、典雅、新奇。

(10) 川岩系列：呈现岩石原有的自然风貌，使肌理变得错落有致，既有自然形式的表现，又有水蚀过的那份轻柔，如图 2-25 所示。

图 2-24 月扇系列通体砖示例

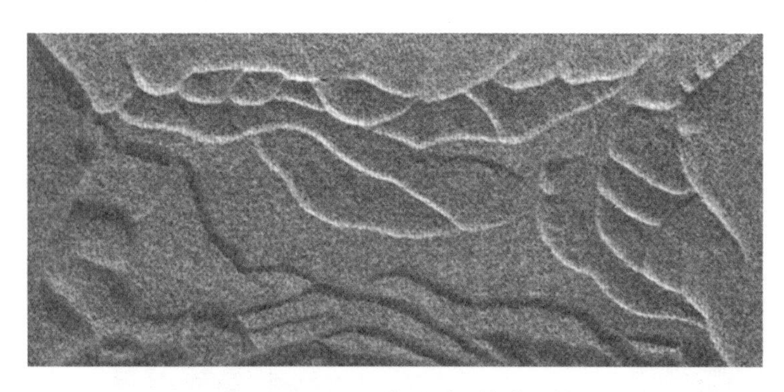

图 2-25 川岩系列通体砖示例

2. 通体砖的应用

目前的室内设计越来越倾向于素色设计，所以通体砖也成为一种时尚，被广泛使用于厅堂、过道和室外走道等装修项目的地面，一般较少使用在墙面上，而多数的防滑砖都属于通体砖。

通体砖的一般规格有 300mm × 300mm × 5mm、400mm × 400mm × 6mm、500mm × 500mm × 6mm、600mm × 600mm × 8mm、800mm × 800mm × 10mm 等，如图 2-26 所示。

图 2-26 通体砖常见规格示例

三、抛光砖

抛光砖是指通体砖坯体的表面经过打磨而成的一种光亮的砖。相对一般通体砖而言，抛光砖表面要光洁得多。抛光砖坚硬耐磨，适合在除洗手间、厨房以外的室内空间中使用。在运用渗花技术的基础上，抛光砖可以做出各种仿石、仿木效果。它的优点是无放射元素，基本可控制其无色差，抗弯曲能力强，砖体薄，重量轻，防滑；它的缺点是表面很容易渗入污染物。抛光砖地面效果如图 2-27 所示。

四、玻化砖

玻化砖是瓷质抛光砖的俗称，是通体砖坯体的表面经过打磨而成的一种光亮的砖，属通体砖的一种，如图 2-28 所示。吸水率低于 0.5% 的陶瓷砖及抛光砖都称为玻化砖（吸水率高于 0.5% 就只能是抛光砖而不是玻化砖），将玻化砖进行镜面抛光即得玻化抛光砖，因为吸水率低，其硬度相对比较高，不容易有划痕。玻化砖可广泛用于各种工程及家庭的地面和墙面，常用规格是 400mm × 400mm、500mm × 500mm、600mm × 600mm、800mm × 800mm、900mm × 900mm、1000mm × 1000mm。其结构特点为：色彩艳丽柔和，没有明显色差；高温烧结，完全瓷化，生成了莫来石等多种晶体，理化性能稳定，耐腐蚀，抗污性强；厚度相对较薄，抗折强度高，砖体轻巧，建筑物荷重减少；无有害元素。

图 2-27　抛光砖地面

图 2-28　玻化砖

五、玻璃马赛克

玻璃马赛克又叫作玻璃锦砖或玻璃纸皮砖，它是一种小规格的彩色饰面玻璃，一般规格为 20mm × 20mm、30mm × 30mm、40mm × 40mm，厚度为 4 ～ 6mm，属于有各种颜色的小块玻璃质镶嵌材料。玻璃马赛克由天然矿物质和玻璃粉制成，是最安全的建材，也是杰出的环保材料，它耐酸碱、耐腐蚀、不褪色，是最适合装饰卫浴房间墙、地面的建材。它算是最小巧的装修材料，组合变化的可能性非常多，如图 2-29 所示。

图 2-29　玻璃马赛克

第四节　装 饰 板 材

木质人造板是利用木材、木质纤维、木质碎料或其他植物纤维为原料，用机械方法将其分解成不同的单元，经干燥、施胶、铺装、预压、热压、锯边、砂光等一系列工序加工而成的板材。木质人造板是室内装饰和家具中使用最多的材料之一，如图 2-30 所示。

下面介绍木质人造板的类型。

图 2-30　木质人造板

一、夹板

夹板也称胶合板，　行内俗称细芯板。由三层或多层 1mm 厚的单板或薄板加胶后压制而成，是制作家具最常用的材料。夹板是由原木旋切成单板或木方刨切成薄木，再用胶黏剂胶合而成的三层或三层以上的薄板材。通常用奇数层单板，并使相邻层单板的纤维方向互相垂直排列胶合而成。

夹板一般长为 2440mm，宽为 1220mm，厚度主要分为 3mm、5mm、9mm、12mm、15mm 和 18mm 六种规格（1 厘即为 1mm）。当然，还有 21mm 和 25mm，厚度基本可以根据不同的要求生产。

1．夹板的特点

（1）夹板既有天然木材的一切优点，如容重轻、强度高、纹理美观、绝缘等，又可弥补天然木材自然产生的一些缺陷，如节子、幅面小、变形、纵横力学差异性大等。

（2）夹板生产能对原木进行合理利用，因它没有锯屑，每 2.2 ~ 2.5m^3 原木可以生产 1m^3 夹板，可代替约 5m^3 原木锯成板材使用。而每生产 1m^3 胶合板产品，还可产生 1.2 ~ 1.5m^3 剩余物，这是生产中密度纤维板和刨花板比较好的原料。

（3）由于夹板有变形小、幅面大、施工方便、不翘曲、横纹抗拉力学性能好等优点，故该产品主要用在家具制造、室内装修、住宅建筑等方面，另外在造船、车厢制造、各种军工及轻工产品、包装等工业部门也会使用。

2．夹板的分类

夹板按用途分为普通夹板（适应广泛用途的夹板）和特种夹板（能满足专门用途的夹板）。

夹板的质量要求包括外观等级、规格尺寸、物理力学性能三项内容。外观等级、规格尺寸、物理力学性能三项检验均合格，则可以判断该产品为合格品，否则判断为不合格。夹板出厂时应具有生产厂质量检验部门的产品质量鉴定证明书，注明夹板的类别、规格、等级、胶合强度和含水率等。

（1）普通夹板的规格尺寸：厚度为 2.7mm、3.3mm、4.5mm、5.5mm、6mm 等；自 6mm 起，按 1mm 递增。厚度在 4mm 以下为薄夹板。3mm、3.5mm、4mm 厚的夹板为常用规格。其他厚度的夹板应经供需双方协议后生产。

（2）外观等级：普通夹板按加工后夹板上可见的材质缺陷和加工缺陷分为 4 个等级：特等、一等、二等、三等，其中，一等、二等、三等为普通夹板的主要等级。

以上4个等级的面板应砂（刮）光，特殊需要者可不砂光或两面砂光。砂光夹板是指板面经砂光机处理的夹板。一般是通过目测夹板上的允许缺陷来判定其等级，等级取决于允许的材质缺陷、加工缺陷以及对拼接的要求等。

二、密度板

密度板全称为密度纤维板，是以木质纤维或其他植物纤维为原料，经纤维制备处理，再施加合成树脂，在加热加压的条件下压制成的板材。

1. 密度板的分类

(1) 按其密度可分为高密度纤维板、中密度纤维板和低密度纤维板。其中中密度纤维板的名义密度范围在650 ~ 800kg/m³。

密度板由于结构均匀，材质细密，性能稳定，耐冲击，易加工，在国内家具、装修、乐器和包装等方面应用比较广泛。

(2) 按国家标准《中密度纤维板》(GB/T 11718—2009)，密度板分为普通型中密度纤维板、家具型中密度纤维板和承重型中密度纤维板。

(3) 密度板按用途可分为家具板、地板基材、门板基材、电子线路板、镂铣板、防潮板、防火板和线条板等。

密度板幅面尺寸常用的有1220mm×2440mm和1830mm×2440mm，主要厚度有1mm、2.4mm、2.7mm、3mm、4.5mm、4.7mm、6mm、8mm、9mm、12mm、15mm、16mm、18mm、20mm、22mm、25mm、30mm。

2. 密度板的性能特点

密度板表面光滑平整、材质细密、性能稳定、边缘牢固，另外，板材表面的装饰性好。但密度板耐潮性较差，同时密度板的握钉力较刨花板差，螺钉旋紧后如果发生松动，在同一位置很难再固定。

主要优点：

(1) 密度板很容易进行涂饰加工。各种涂料、油漆类均可均匀地涂在密度板上，是做油漆效果的首选基材。

(2) 密度板是一种美观的装饰板材。

(3) 各种木皮、印刷纸、PVC、胶纸薄膜、三聚氰胺浸渍纸和轻金属薄板等材料均可在密度板上做饰面。

(4) 硬质密度板经冲制、钻孔，还可制成吸声板，应用于建筑的装饰工程中。

(5) 密度板的物理性能很好，材质均匀，不存在脱水问题。

主要缺点：

(1) 密度板最大的缺点是不防潮，见水易发胀。在用密度板做踢脚板、门套板、窗台板时，应该注意六面都刷漆，这样才不会变形。

(2) 密度板遇水膨胀率高、变形大，长时间承重变形比均质实木颗粒板大。虽然密度板的耐潮性较差，但是密度板表面光滑平整、材质细密、性能稳定、边缘牢固、容易造型，避免了腐朽、虫蛀等问题。在抗弯曲强度和冲击强度方面均优于刨花板，而且板材表面的装饰性极好，比实木家具外观尤胜一筹。

(3) 由于密度板的纤维非常碎，致使密度板握钉力比实木板、刨花板都要差很多。

3. 密度板的主要用途

密度板主要用于强化木地板、门板、隔墙、家具等，在家装中用于混油工艺的表面处理。一般做家具用的都是中密度板，因为高密度板密度太高，很容易开裂，所以没有办法做家具。一般高密度板都是用来做室内外装潢、办公和民用家具、音响、车辆内部装饰，还可作为计算机房抗静电地板、护墙板、防盗门、墙板、隔板等的制作材料。

三、大芯板

细木工板俗称大芯板、木芯板、木工板，是由两片单板中间胶压拼接木板而成。细木工板的两面胶粘单板的总厚度不得小于 3mm。细木工板属于胶合板。细木工板与刨花板、中密度纤维板相比，其天然木材特性更顺应人类对自然生态的要求，它具有质轻、易加工、握钉力好、不变形等优点，是室内装修和高档家具制作较理想的材料，如图 2-31 所示。

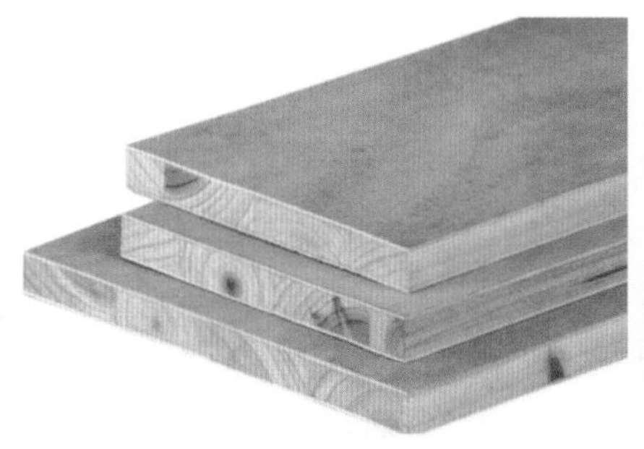

图 2-31 大芯板

四、饰面板

饰面板全称为装饰单板贴面胶合板，它是将天然木材或其他木材刨切成一定厚度的薄片，粘附于胶合板表面，然后热压而成的一种用于室内装修或家具制造的表面材料。饰面板采用的材料有石材、瓷板、金属、木材等，如图 2-32 所示。

图 2-32 饰面板

五、刨花板

刨花板是将各种枝芽粉碎成颗粒状后，再经粘合及高压制作而成。因其剖面形似蜂窝状，所以称为刨花板。现在市场上大多数的板式家具都选用此种板材，其优点是内部为交叉错落结构的颗粒状，因此握钉力和横向承重力都比较好，且造价比中密度板低。甲醛含量虽比中密度板高，但比大芯板要低得多，价格相对较便宜。刨花板的缺点是因制法容易，质量差异很大，不易辨别，抗弯性和抗拉性较差，密度疏松易松动，但其具有良好的隔热、隔音性能，强度均衡，易于加工，是应用于家具基材、室内吸音和保温隔热的理想材料，如图 2-33 所示。

图 2-33　刨花板

六、防火板

1. 防火板的基本概念

防火板又称耐火板，学名为热固性树脂浸渍纸高压层积板，是表面装饰用耐火建材，在家居装修中主要起到防火、装饰的作用。防火板可用作节能、环保材料。用于居住空间设计的防火板主要有菱镁防火板、防火装饰板、三聚氰胺板三种。防火板表面有丰富的色彩、纹路以及特殊的物理性能，它广泛用于室内装饰、家具、橱柜、实验室台面、外墙等领域。

2. 防火板的特点

(1) 保温隔热。防火板的保温、隔热性是玻璃的 6 倍、黏土的 3 倍、普通混凝土的 10 倍。

(2) 材质轻，强度高。防火板的强度为普通混凝土的 1/4、黏土砖的 1/3。它比水还轻，与木材相当。它具有立方体抗压强度大，自重轻，强度高，延性好，抗震能力强等优点。

(3) 耐火阻燃。加气混凝土为无机物，不会燃烧，而且在高温下也不会产生有害气体。同时，加气混凝土导热系数很小，这使得热迁移慢，能有效抵制火灾，并保护其结构不受火灾影响。

(4) 加工方便。防火板可锯、可钻、可磨、可钉，更容易体现设计意图。

(5) 吸声隔音。防火板依其厚度不同，可分别降低 30 ～ 50dB 噪音。轻质条板系列防火板的内部组成材料具有良好的隔声性能和吸声功能。

(6) 适应承载。防火板可以适应风荷载、雪荷载及动荷载。

(7) 耐久性好。防火板不易风化、老化，是一种耐久的建筑材料，其正常使用寿命完全可以和各类永久性建筑物的寿命相匹配。

(8) 绿色环保。加气混凝土防火板在生产过程中没有污染和危险废物产生。使用时，即使在高温下和火灾中，防火板也没有放射性物质和有害气体产生；各个独立的微气泡使加气混凝土产品具有一定的抗渗性，可防止水和气体的渗透。

(9) 经济实用。防火板能增加使用面积，降低地基造价，缩短建设工期，减少暖气、空调成本，达到节能效果。

(10) 施工方便。加气混凝土防火板尺寸规范、重量轻，可大大地减少人力、物力的投入。板材在安装时多采用干式施工法，工艺简便、效率高，可有效地缩短建设工期。

3．防火板的分类

（1）矿棉板、玻璃棉板：主要以矿棉、玻璃棉为隔热材料，其本身不燃，耐高温性能好，质轻。但不足之处有：①短纤维对人体呼吸系统会造成危害；②板材强度差；③板材对火灾烟气蔓延的阻隔性能差；④装饰性差；⑤安装施工工作量大。因此，该种板材现已大部分演变成以无机粘结材料为基材，以矿棉、玻璃棉作为增强材料的板材。

（2）水泥板：水泥板材强度高，来源广泛，过去常用它作防火吊顶和隔墙。但其耐火性能较差，在火场中易炸裂穿孔，会失去保护作用，从而使其应用受到一定限制。水泥混凝土构件的隔热、隔声性能好，可作为隔墙和屋面板。建材市场上陆续出现了纤维增强水泥板等改进品种，具有强度高、耐火性能好的优点，但韧性较差、碱度大、装饰效果较差，如图 2-34 所示。

（3）珍珠岩板、玻璃微珠板、蛭石板：这是以低碱度水泥为基材，珍珠岩、玻璃微珠、蛭石为加气填充材料，再添加一些其他材料复合而制成的空心板材，它具有自重轻、强度高、韧性好、防火隔热、施工方便等特点，可广泛应用于高层框架建筑物分室、分户、卫生间、厨房、通信线路管等非承重部位，如图 2-35 所示。

（4）硅酸钙纤维板：这是以石灰、硅酸盐及无机纤维增强材料为主要原料的建筑板材，具有质轻，强度高，隔热性、耐久性好，加工性能与施工性能优良等特点，主要用于制作天花板、隔墙以及作为钢柱、钢梁的防火保护材料。但该种板材的强度和弯曲性能还有待提高，如图 2-36 所示。

图 2-34　水泥板

图 2-35　珍珠岩板

图 2-36　硅酸钙纤维板

（5）防火石膏板材：从石膏的防火性能被广泛接受以来，以石膏为基材的防火板材发展很快。该类板材的主要成分具有不燃性且含有结晶水，耐火性能较好，可用作隔墙、吊顶和屋面板等。该板材原料来源丰富，便于工厂定型化生产。在使用中，它自重较轻，可以减轻建筑承重，且加工容易，可锯可刨，施工方便，装饰性好，但它的抗折性能较差。影响石膏板耐火性能的因素较多，如组成成分、板的类型、龙骨种类、板的厚度、空气层中有无填料、拼装方式等。最近几年又出现了硅钙石膏纤维板、双面贴纸石膏防火板等新品种，如图 2-37 所示。

（6）氯氧镁防火板：属于氯氧镁水泥类制品，以镁质胶凝材料为主体，以玻璃纤维布为增强材料，以轻质保温材料为填充物复合而成，能满足不燃性要求，是一种新型环保板材。

七、石膏板

石膏板是装修中使用最多的吊顶材料，是以建筑石膏为主要原料制成的一种材料。它是一种重量轻、强度较高、厚度较薄、加工方便，以及隔音绝热和防火等性能较好的建筑材料，是当前着重发展的新型轻质板材之一。正是因为石膏板的重量轻、厚度薄，所以受到了装修工人的青睐，同时石膏板的质地脆，很容易造型。

图 2-37　防火石膏板

1．纸面石膏板

纸面石膏板是以天然石膏和护面纸为主要原材料，掺加适量纤维、淀粉、促凝剂、发泡剂和水等，以特制的板纸为护面，经加工制成的板材。纸面石膏板具有重量轻、隔声、隔热、加工性能强、施工方法简便的特点，如图 2-38 所示。

2．硅钙板

硅钙板又名石膏复合板，是一种多元材料，一般由天然石膏粉、白水泥、胶水、玻璃纤维复合而成，具有防火、防潮、隔音、隔热等特点。在室内空气潮湿的情况下能吸引空气中水分子；空气干燥时，又能释放水分子，可以适当调节室内干、湿度，增加人们的舒适感。天然石膏制品又是特级防火材料，在火焰中能产生吸热反应，同时，释放出的水分子可以阻止火势蔓延，而且不会分解产生任何有毒的、侵蚀性的、令人窒息的气体，也不会产生任何助燃物或烟气。作为石膏材料，硅钙板与纸面石膏板相比较，在外观上保留了纸面石膏板的美观，重量方面大大低于纸面石膏板，强度方面远高于纸面石膏板，彻底改变了纸面石膏板因受潮而变形的致命弱点，数倍地延长了材料的使用寿命；在消声息音及保温隔热等方面，相比石膏板也有所提高；在防火方面也胜过矿棉板和纸面石膏板，如图 2-39 所示。

图 2-38　纸面石膏板

图 2-39　硅钙板

3．嵌装式装饰石膏板

嵌装式装饰石膏板是以建筑石膏为主要原料，掺入适量的纤维增强材料和外加剂，与水一起搅拌成均匀料浆，经浇注成型并使之干燥后而形成的不带护面纸的板材。板材背面四边加厚，并带有嵌装企口；板材正面可为平面，带孔或带浮雕图案。这种吊顶一改往日浇注石膏板吊顶单调呆板、档次低的特点，在吊顶层面上出现丰富的高低变化，有雅致的结构造型和协调的花纹配合，给人以豪华、典雅、新颖的感觉。嵌装式装饰石膏板的规格有：边长为 600mm × 600mm 时，边厚大于 28mm；边长为 500mm × 500mm 时，边厚大于 25mm，如图 2-40 所示。

4．防火珍珠岩石膏板

按其所用胶黏剂不同，防火珍珠岩石膏板可分为水玻璃珍珠岩吸声板、水泥珍珠岩吸声板、聚合物珍珠岩吸声板、复合吸声板等。它具有重量轻、装饰效果好、防水、防潮、防蛀、耐酸、施工方便、可锯割等优点，适用于居室、餐厅的音质处理及顶棚和内墙装饰，如图 2-41 所示。

图 2-40 嵌装式装饰石膏板

图 2-41 防火珍珠岩石膏板

八、矿棉吸音板

矿棉装饰吸声板最早问世于 19 世纪的美国，距今已有 100 多年的历史，但真正的大规模生产起于 20 世纪五六十年代的美国和日本。矿棉吸音板表面处理形式丰富，板材有较强的装饰效果。有多种表面处理方式，滚花、冲孔、覆膜、撒砂等；也有经过铣削成型的立体矿棉板，表面制作成大小方块、不同宽窄条纹等形式。此外，还有一种浮雕型矿棉板，经过压模成型，表面图案精美，有中心花、十字花、核桃纹等造型，是一种装饰用性能良好的吊顶型材，如图 2-42 和图 2-43 所示。

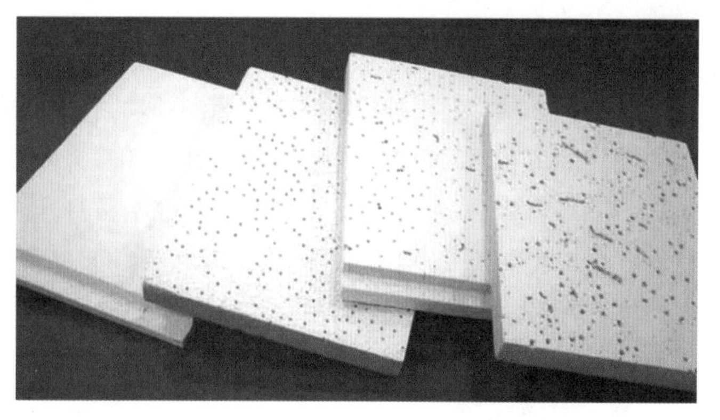

图 2-42 矿棉吸音板示例

矿棉吸音板表面处理形式丰富，板材有较强的装饰效果。表面经过处理的滚花型矿棉板俗称“毛毛虫”，表面布满深浅、形状、孔径各不相同的孔洞。另外一种是“满天星”，表面孔径深浅不同。

图 2-43　矿棉板吊顶示例

矿棉板是高效节能的建筑材料。矿棉板重量较轻，使用中没有沉重感，给人一种安全、放心的感觉，能减轻建筑物自重，是一种安全饰材。同时矿棉板还具有良好的保温阻燃性能，矿棉板平均导热系数小，易保温，而且矿棉板的主要原料是矿棉，熔点高达 1300℃，并具有较高的防火性能。

矿棉板最大的优点是吸音效果好，防火性能突出，质量小。

2. 矿棉吸音板的特点

（1）装饰效果优异。矿棉吸音板有丰富多彩的平面辊花图案和浮雕、立体造型，既有古典美，又富有时尚气息，真正地让人耳目一新。

（2）隔热性能好。矿棉吸音板的导热系数很低，是良好的隔热材料，可以使室内冬暖夏凉，为用户有效节能。

（3）吸声降噪。矿棉吸音板的主要原材料为超细矿棉纤维，具有丰富的贯通微孔，能有效吸收声波，减少声波反射，从而改善室内音质，降低噪声。

（4）安全防火。由于矿棉是无机材料，不会燃烧，而矿棉吸音板中的有机物含量很低，所以使矿棉吸音板达到不燃 B1 级要求。

（5）绿色环保，调节空气。矿棉吸音板中不含有对人体有害的物质，而它含有的活性物质可以吸收空气中的有害气体，因此可以净化空气。

（6）防潮，绝缘。由于矿棉吸音板中含有大量的微孔，表面积比较大，可以吸收和放出空气中的水分子，调节室内空气湿度，可以说矿棉吸音板是一种会呼吸的装饰板材。矿棉吸音板的主要组成物质为矿棉和淀粉，均为绝缘物质，因此矿棉吸声板是一种绝缘装饰材料。

（7）裁切简便，易于装修。矿棉吸音板可锯、可钉、可刨、可粘结，并且可以用一般的壁纸刀进行裁切，因此裁切时不会产生噪声。它有平贴、插贴、明架、暗架等多种吊装方式，可组合出不同艺术风格的装饰效果，家庭用户可以自己动手进行装修，任其自由发挥自己的想象，这也符合现代人们乐于自己动手装饰自己空间的潮流。

九、铝塑板

铝塑板的主要特点为质量轻，坚固耐久，可自由弯曲，弯曲后不反弹，而且有较强的耐候性，可锯、铆、刨（侧边）、钻，可冷弯冷折，易加工组装、维修和保养。它广泛应用于建筑物的外墙和室内外墙面、柱面和顶面的饰面处理，以及广告招牌、展示台架等方面。

铝塑板品种比较多，按用途分为建筑幕墙用铝塑板、外墙装饰铝塑板与广告用铝塑板、室内用铝塑板；按产品功能分为防火板、抗菌防霉铝塑板、抗静电铝塑板；按表面装饰效果分为涂层装饰铝塑板、氧化着色铝塑板、贴膜装饰复合板、彩色印花铝塑板、拉丝铝塑板、镜面铝塑板，如图 2-44 所示。

图 2-44　铝塑板

铝塑板的常见规格为 1220mm × 2440mm，厚度为 3mm、4mm、5mm、6mm 或 8mm。铝塑复合板（又称铝塑板）作为一种新型装饰材料，自 20 世纪 80 年代末至 90 年代初从德国引进到中国，便以其经济性、可选色彩的多样性、便捷的施工方法、优良的加工性能、绝佳的防火性及良好的品质，迅速受到人们的青睐。铝塑复合板本身所具有的独特性能决定了其用途广泛，它可以用于大楼外墙、帷幕墙板、旧楼改造翻新、室内墙壁及天花板装修、广告招牌、展示台架、净化防尘工程，属于一种新型建筑装饰材料。

铝塑板所用铝材及涂层有以下要求。

（1）铝材。铝材应经过清洗和化学预处理，以清除铝材表面的油污、脏物和因与空气接触而自然形成的松散的氧化层，并形成一层化学转化膜，以利于铝材与涂层和芯层的牢固粘结。

（2）涂层。幕墙板涂层材质宜采用耐候性能优异的氟碳树脂，也可采用其他性能相当或更优异的材质。

第五节　装 饰 涂 料

装饰涂料是为装饰和保护建筑墙面，使建筑外观看起来整洁、美观，从而达到美化空间的效果；同时也能够起到保护建筑墙面的作用，延长其使用寿命。墙面装饰涂料大致可分为外墙涂料、内墙涂料、地面涂料、顶棚涂料、门窗涂料。

涂料是一种借助于刷涂、喷涂、辊涂或弹涂等各种作业方式，涂于建筑物或其他物体表面，经干燥、固化后形成一层连续状的薄膜，并与被涂料敷物体表面牢固粘结的材料。很早以前，人们都将涂料称为油漆，因为那时涂料中的主要成分是天然树脂或干性、半干性油，如大漆、松香、虫胶、桐油、亚麻仁油以及豆油等；自 20 世纪 70 年代以来，我国人工树脂问世后，取代了天然树脂，成为涂料的主要成分。

涂料的类型、品种繁多，按涂料的主要成膜物质的性质，分为有机涂料、无机涂料和复合涂料三大类；按涂料

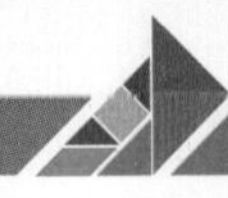

状态不同，分为水溶性涂料、溶剂型涂料、乳液型涂料和粉末状涂料；按涂料的涂膜层及状态的不同，分为薄涂层涂料、厚质涂层涂料、砂壁状涂层涂料和彩色复层凹凸花纹涂料等；按涂料特殊性能的不同，分为防水涂料、防火涂料、防霉涂料和防结露涂料等。

涂料涂敷于建筑物表面，与基体材料很好粘结并形成完整而坚韧的保护膜，用于墙面的装饰和保护。涂料类与其他饰面材料相比，具有重量轻，色彩鲜明，附着力强，施工简便，质感丰富，价格低廉以及耐水、耐污、耐老化等特点，可用于装饰一般的住宅、商店、学校、库房、办公楼等内外墙装饰。其功能主要体现在装饰、美化以及保护建筑物等方面。涂料涂敷于建筑物表面，可形成连续的薄膜，厚度适中且具备韧性，具有耐磨、耐候、耐老化、耐侵蚀以及抗污染等功能，可以提高建筑物的使用寿命，改善建筑的使用功能；同时，建筑涂料可以起到提高室内明度和调节室内色彩的作用。

一、乳胶漆

乳胶漆，乳胶涂料的俗称，是以丙烯酸酯共聚乳液为代表的一大类合成树脂乳液涂料。乳胶漆是水分散性涂料，它是以合成树脂乳液为基料，填料经过研磨分散后加入各种助剂精制而成的涂料。乳胶漆具备了与传统墙面涂料不同的众多优点，如易于涂刷、干燥迅速、漆膜耐水、耐擦洗性好等，如图 2-45 所示。

图 2-45　乳胶漆

二、多彩涂料

多彩涂料主要应用于仿造石材涂料，所以又称液态石，也叫仿花岗岩外墙涂料或幻彩涂料。它是由不相容的两种成分组成的，其中一种成分为连续的，另一种成分为分散的。涂刷时，通过一次性喷涂，便可得到豪华、美观、多彩的图案。它的优点是比较受市场欢迎，一次喷涂可以形成多种颜色花纹，缺点是价格较贵，容易被刮花，如图 2-46 所示。

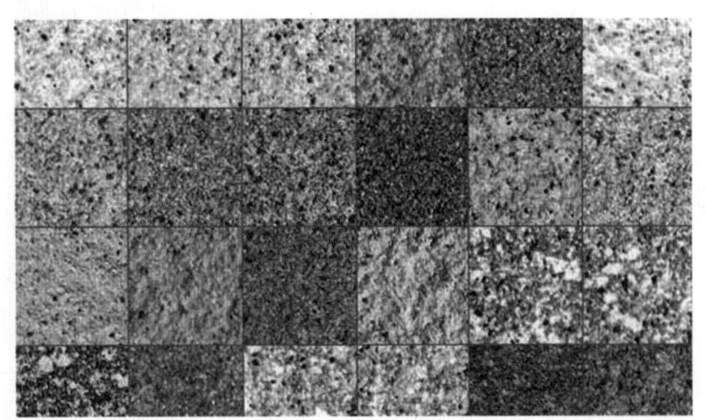
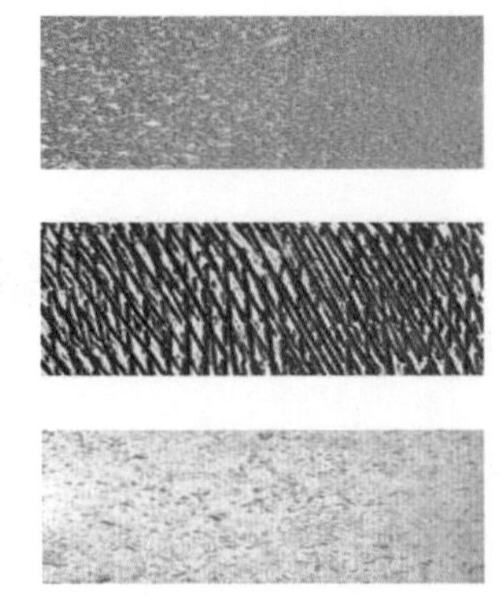
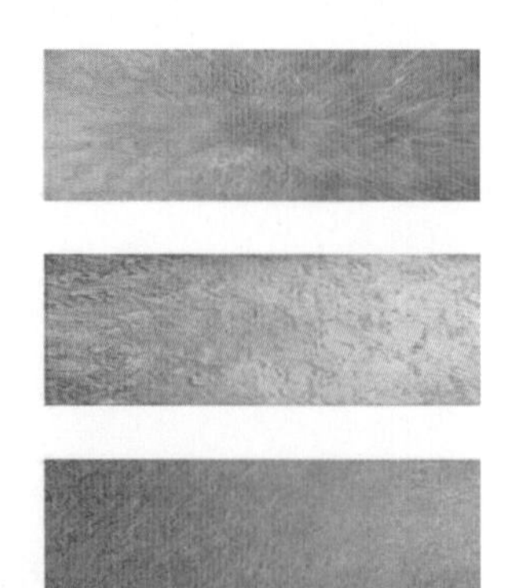

图 2-46　多彩涂料

三、地面涂料

地面涂料的主要功能是装饰与保护室内地面，使地面清洁美观，与其他装饰材料一同创造油压式室内环境。为了获得良好的装饰效果，地面涂料应具有以下特点：耐碱性好、粘结力强、耐水性好、耐磨性好、抗冲击力强、涂刷施工方便及价格合理等。

1．特点

（1）耐碱性良好。因为地面涂料主要涂刷在水泥沙浆基层上，带有碱性。

（2）与水泥沙浆有良好的粘结性。水泥地面涂料必须具备与水泥类基层的粘结性能，要求在使用过程中不脱落、不起皮。

（3）耐水性好。要满足清洁擦洗的需要，因此要求涂层有良好的耐水洗刷性能。

（4）较高的耐磨性。耐磨性好是地面涂料的基本使用要求，要经得住行走、重物的拖移等产生的摩擦。

（5）耐冲击性好。地面容易受到重物的冲击、碰撞，地面涂料应在冲力下不开裂、不脱落，凹痕不明显。

（6）涂刷施工方便，重涂容易，价格合理。地面在磨损、破坏后需要重涂，因此重涂方便，费用不高。

2．分类

地面涂料一般可分为木地板涂料和水泥沙浆地面涂料。

水泥沙浆地面涂料分为薄质涂料（分溶剂型和水乳型）和厚质涂料（分溶剂型和水乳型）。

3．施工方法

在喷涂地坪漆时须注意：①基面要求平整、清洁、干燥、牢固，新做水泥地面或者新近与水泥修补的地面至少要养护 30 天。对于可能反潮的地面和不同的场合，应预先作断水和防水处理。②涂双组分环氧封底漆，涂装道数为 1 ～ 2 道。如果地面环境不好，应适当地增加涂装的道数。③一般于最后一道底漆的次日刮环氧中涂，干硬后打磨平整。必要时可以刮涂两道或者多道工序，直至表面平整度符合设计要求。④将地坪漆严格按照说明书的比例合并或者充分搅拌均匀，必要时可以加稀释剂来调整黏度，经过过滤后方可涂刷。⑤施工完成的地坪漆需要维护，步行时间不小于 24 小时，重物开放的时间为 7 天。⑥在喷涂中须注意施工场所必须保持适当的通风，严禁施工场所附近的烟火。⑦要根据现场的情况，采取一切必要的安全和消防措施。

四、清漆

清漆是一种使用后能固化，起保护和改善外观的不含着色物质的一类涂料。涂于底材时，能形成保护、装饰或特殊性能的透明漆膜。清漆的光泽好，成膜快，用途广。清漆的主要成分是树脂和溶剂，或树脂、油和溶剂。清漆涂于物体表面后，可形成保护、装饰和特殊性能的涂膜，干燥后形成光滑薄膜，显出物面原有的花纹。

清漆主要分油基清漆和树脂清漆两类，它具有透明、光泽度高、成膜快、耐水性好等特点。它的缺点是涂膜硬度不高，耐热性差，在紫外光的作用下易变黄等。

（一）应用范围

清漆可用于家具、地板、门窗及汽车等的涂装，可加入颜料制成磁漆或加入染料制成有色清漆，可以用来制造磁漆和浸渍电器，也可用于固定素描画稿、水粉画稿等，起到一定的防氧化作用，能延长画稿的保存时间。

（二）种类

清漆分为油基清漆和树脂清漆两大类，前者俗称“凡立水”，后者俗称“泡立水”。

1．常用的清漆

（1）酯胶清漆（又称耐水清漆）。它是由干性油与多元醇松香酯熬炼，加入催干剂、200 号油漆溶剂油调配而成，漆膜光亮，耐水性好，但光泽不持久，干燥性差。它可用于涂饰木材面，也可作金属面罩光。

（2）虫胶清漆（又名泡立水、酒精凡立水，也简称漆片）。它是将虫胶溶于乙醇（酒精浓度95%以上）中即成。其特点是干燥快，可使木纹更清晰。它的缺点是耐水性、耐候性差，日光暴晒会失光，热水浸烫会泛白。它专用于木器表面装饰与保护涂层。

（3）酚醛清漆（俗称永明漆）。它是由干性油酚醛涂料加催干剂、200号油漆溶剂油制成，干燥较快，漆膜坚韧耐久，光泽好，耐热、耐水、耐弱酸碱。它的缺点是漆膜易泛黄、较脆。它既可用于涂饰木器，也可涂于油性色漆上作罩光。

（4）醇酸清漆（又称三宝漆）。它是由中油度醇酸树脂溶于有机溶剂加入催干剂制成。它干燥快，硬度高，可抛光、打磨，色泽光亮、耐热，但是其膜脆，抗大气性较差。它可用于涂饰室内外金属、木材面及醇酸磁漆罩光。

（5）硝基清漆（又称清喷漆、腊克）。它是由硝化棉、醇酸树脂、增韧剂溶于酯、醇、苯类混合溶剂中制成。它使物体表面有光泽，耐久性良好，可用于涂饰木材及金属面，也可作硝基外用磁漆罩光。

（6）丙烯酸清漆。它是由甲基丙烯酸酯与甲基丙烯酸共聚树脂、增韧剂溶于酯、醇、苯类混合溶剂中制成。它的耐候性、耐热性及附着力良好，可用于涂饰铝合金表面。

（7）聚酯胶清漆。它是由涤纶下脚料、油酸、松香、季戊四醇、甘油经熬炼后，加入催干剂、200号油漆溶剂油、二甲苯制成。它形成的漆膜光亮，可用于涂饰木材面，也可作金属面罩光。

（8）高性能清漆。它是由氟碳树脂、超耐候颜料、多功能助剂等组成的。将其用于包装涂料，具有超耐久、低污染、耐各种辐射等优点，另外其坚硬致密的保护层能防止混凝土的炭化。

（9）氟碳清漆。这是以氟碳树脂为主要成分的常温固化型清漆类型，具有超耐候性和耐持久性、寿命长等优异性能，可用于多种涂层和基材的罩面保护，适用于环氧、聚氨酯、丙烯酸、氟碳漆等上光罩面并能起到装饰保护作用，还可用于金属、木材、塑料、古文物、标志性建筑、仿金属外墙的罩面。

2．特点

（1）清漆一般含有减少紫外线照射的保护功能。只要清漆层完好无损，它就可有效延缓色漆的老化。

（2）清漆美观且光泽度很高，但易出现划痕。比如，洗车后用稍有些发硬的毛巾等去擦车，就会发现发丝划痕。

（3）清漆比普通漆更易受到环境污染的侵蚀。

3．选择产品的要点

（1）看包装。包装制作粗糙，字迹模糊，厂址、批号不全的，多为劣质品或仿冒货。

（2）看漆面。可以看油漆样板漆面质量，优质油漆的附着力和遮盖力都很强。

（3）掂重量。将油漆桶提起来晃一晃，如果有稀里哗啦的声音，说明包装严重不足，缺斤少两，黏度过低。正规大厂真材实料，晃一晃几乎听不到声音。

（4）选品牌。油漆最好是买知名品牌产品，因为油漆本身的毒性很强，如果买了劣质品，那更是毒上加毒。相对而言，知名品牌产品在质量和环保环节会有保证。

（5）定用量。购买时还应对用量做一个比较精确的估算，购买时要一次性购足，以免先后购买的油漆有轻微的色差。

4．涂刷环境要求

木器表面进行清漆涂刷时，对环境的要求较高，当环境不能达到要求的标准时，将影响工程的质量。涂刷现场要求清洁、无灰尘，在涂刷前应进行彻底清扫，涂刷时要加强空气流通，操作时地面经常泼洒清水，不得和产生灰尘的工种交叉作业。因此，涂刷清漆应在家庭装修工程的最后阶段进行。涂刷应在略微干燥的气候条件下进行，温度必须在 5℃ 以上方能施工，以保证漆膜的干固正常，缩短施工周期，提高漆膜质量。涂刷清漆的施工现场应有较好的采光照明条件，以保证调色准确，施工时不漏刷，并能及时发现漆膜的变化，便于采取解决措施。因此，在较暗的环境中，需要准备作业面的照明灯。

五、调和漆

调和漆是一种色漆，是在清漆的基础上加入无机颜料制成的。调和漆的漆膜光亮、平整、细腻、坚硬，外观类似陶瓷或搪瓷。

调和漆是人们使用最广泛的品种，它的名称源于早期油漆工人对油漆的自行调配。因为那时使用的油漆大多是油漆工人用干性油加入颜料或色浆以及溶剂等现场调制而成的，所以就将这种调制而成的色漆叫作调和漆。调和漆虽然都是油漆厂制成的，是拿来就能用的成品，但调和漆这个名称却习惯性地沿用了下来。

开始出现的调和漆是用纯油作为漆料的，后来为了改进它的性能，加入了一部分天然树脂或松香树脂作为成膜物质。考虑到这两类产品的区别，前者叫作油漆调和漆，后者叫作磁性调和漆。

下面介绍一下调和漆与乳胶漆的区别，具体如下：

(1) 调和漆是油性的，乳胶漆是水性（常规）的。

(2) 调和漆和乳胶漆运用的材质不同。调和漆最常见的就是用于平房门框、窗户、铁门等。

(3) 原材料不同。调和漆在清漆的基础上加入无机颜料制成；乳胶漆一般是指墙面漆是水性的（用钛白粉、乳液等做成）；调和漆适用于涂饰室内外的木材、金属表面、家具及木装修等。

六、硝基漆、聚酯漆、磁漆

1. 硝基漆

硝基漆的优点是装饰作用较好，施工简便，干燥迅速，对涂装环境的要求不高，具有较好的硬度和亮度，不易出现漆膜弊病，修补容易。它的缺点是固含量较低，需要较多的施工道数才能达到较好的效果；耐久性不太好，尤其是内用硝基漆，其保光、保色性不好，如使用时间稍长，就容易出现诸如失光、开裂、变色等弊病；漆膜保护作用不好，不耐有机溶剂，不耐热，不耐腐蚀。

硝基漆可分外用清漆、内用清漆、木器清漆及各色醇酸磁漆共四类。

(1) 外用清漆：由硝化棉、醇酸树脂、柔韧剂及部分酯、醇、苯类溶剂组成。它涂膜后有光泽，耐久性好，可用于室外金属和木质面的涂饰。

(2) 内用清漆：由低黏度硝化棉、甘油松香酯、不干性油醇酸树脂、柔韧剂以及少量的酯、醇、苯类有机溶剂组成。它涂膜干燥快、光亮，户外耐候性差，可用作室内金属和木质面的涂装。

(3) 木器清漆：由硝化棉、醇酸树脂、改性松香、柔韧剂和适量酯、醇、苯类有机挥发物配制而成。它涂膜坚硬、光亮，可打磨，但耐候性差，只可用于室内木质表面的涂饰。

(4) 各色醇酸磁漆：由硝化棉、季戊四醇酸树脂、颜料、柔韧剂以及适量溶剂配制而成涂膜干燥快，平整光滑，耐候性好，但耐磨性差，适用于室内外金属和木质表面的涂装。

2. 聚酯漆

聚酯漆是用聚酯树脂作为主要成膜物。高档家具常用的为不饱和聚酯漆，也就是通称的“钢琴漆”、不饱和聚酯漆。它是一种多组份漆，是用聚酯树脂为主要成膜物制成的一种厚质漆。

聚酯漆分为三部分：主漆、稀释剂、固化剂。主剂是不饱和聚酯的苯乙烯溶液，另外还有引发剂（又称固化剂、硬化剂，俗名白水）和促进剂（俗名兰水），混合后，不饱和聚酯的主链中的不饱和双键与作为活性溶剂的烯类单体（苯乙烯）进行游离基共聚反应而固化成膜。

20 世纪 90 年代，聚酯漆传入中国后，很快便取代了清漆，成为家具用的主要油漆。聚酯漆的优点很多，不仅色彩十分丰富，而且漆膜厚度大，喷涂两三遍即可，并能完全把基层的材料覆盖，所以做家具在密度板上直接刷聚酯漆就可以了，对基层材料的要求并不高。聚酯漆的漆膜综合性能优异，因为有固化剂的使用，使漆膜的硬度更高，坚硬耐磨，丰富度高，耐湿热、干热、酸碱油、溶剂以及多种化学药品，绝缘性很高。清漆色浅，透明度、光泽度高，保光、保色性能好，具有很好的保护性和装饰性。不饱和聚酯漆的柔韧性差，受力时容易脆裂，一旦漆膜受损不易修复，故搬迁时应注意保护家具。

聚酯漆的缺点是调配较烦琐，促进剂、引发剂比例要求严格。配漆后活化期短，必须在 20 ～ 40 分钟内完成，否则会因胶化而报废，因此要随配随用，用多少配多少。另外，其修补性能也较差，损伤的漆膜修补后有印痕。聚酯漆施工过程中需要进行固化，这些固化剂的分量占了油漆总分量的 1/3。这些固化剂也称为硬化剂，其主要成分是 TDI（toluene diisocyanate，甲苯二异氰酸酯）。这些处于游离状态的 TDI 会变黄，不但使家具漆面变黄，同样也会使邻近的墙面变黄，这是聚酯漆的一大缺点。目前市面上已经出现了耐黄变聚酯漆，但也只能“耐黄”而已，还不能做到完全防止变黄的情况。

另外，超出标准的游离 TDI 还会对人体造成伤害。游离 TDI 对人体的危害主要是致敏和刺激作用，出现疼痛流泪、结膜充血、咳嗽胸闷、气急哮喘、红色丘疹、斑丘疹、接触性过敏性皮炎等症状。国际上对于游离 TDI 的限制标准是控制在 0.5% 以下。

3. 磁漆

磁漆又名瓷漆，英文为 enamel，是以清漆为基料，加入颜料研磨制成的，涂层干燥后呈磁光色彩而涂膜坚硬。磁漆常用的有酚醛磁漆和醇酸磁漆两类，适合于金属窗纱网格等。

七、防水、防火、防锈、防霉涂料

1. 防水涂料

丙烯酸防水涂料是以纯丙烯酸聚合物乳液为基料，加入其他添加剂而制得的单组份水乳型防水涂料。防水涂料经固化后形成的防水薄膜具有一定的延伸性、弹塑性、抗裂性、抗渗性及耐候性，能起到防水、防渗和保护作用。简而言之，防水涂料是指涂料形成的涂膜能够防止雨水或地下水渗漏的一种涂料。

防水涂料有良好的温度适应性，操作简便，易于维修与维护。

防水涂料可按涂料状态和形式分为溶剂型、水乳型、高分子反应型和塑料型改性沥青。

（1）溶剂型涂料。这类涂料种类繁多，质量也好，但是成本高，安全性差，使用不是很普遍。

（2）水乳型及高分子反应型涂料。这类涂料在工艺上很难将各种补强剂、填充剂、高分子弹性体使其均匀分散于胶体中，只能用研磨法加入少量配合剂，反应型聚氨酯为双组份，易变质，成本高。

(3) 塑料型改性沥青。这类产品能抗紫外线，耐高温性好，但防断裂及延伸性略差。

2. 防火涂料

防火涂料用于可燃性基材表面，能降低被涂材料表面的可燃性，阻滞火灾的迅速蔓延，用以提高被涂材料的耐火极限，故也称为阻燃涂料。

防火涂料的防火原理大致可归纳为以下5点。

(1) 防火涂料本身具有难燃性或不燃性，使被保护基材不直接与空气接触，延迟物体着火和减少燃烧的速度。

(2) 防火涂料除本身具有难燃性或不燃性外，它还具有较低的导热系数，可以延迟火焰温度向被保护基材的传递。

(3) 防火涂料受热分解出不燃惰性气体，冲淡被保护物体受热分解出的可燃性气体，使之不易燃烧或燃烧速度减慢。

(4) 含氮的防火涂料受热分解出 NH_3 等基团，与有机游离基化合，中断连锁反应，降低温度。

(5) 膨胀型防火涂料受热膨胀发泡，形成碳质泡沫隔热层，封闭被保护的物体，延迟热量与基材的传递，阻止物体着火燃烧或因温度升高而造成的强度下降。

3. 防锈涂料

防锈涂料是可保护金属表面免受大气、海水等的化学或电化学腐蚀的涂料。在金属表面涂上防锈涂料能够有效地避免大气中各种腐蚀性物质的直接入侵，从而最大化地延长金属使用期限。防锈漆可分为物理性防锈漆和化学性防锈漆两大类，前者靠颜料和漆料的适当配合，形成致密的漆膜以阻止腐蚀性物质的侵入，如铁红、铝粉、石墨防锈漆等；后者靠防锈颜料的化学抑锈作用，如红丹、锌黄防锈漆等。它可用于桥梁、船舶、管道等金属的防锈。

防锈涂料可分为油性金属防锈漆、水性金属防锈漆与防锈颜料，主要特点如下：

(1) 适用于黑色及有色金属的防锈。

(2) 适用于室外有遮盖及室内条件下金属的防锈。

(3) 有水溶性，不可燃，对环境无污染，使用安全。

(4) 优异的防锈功能，可完全取代防锈油、脂。

(5) 很容易用碱性清洗方法从金属表面清除掉。在1∶20以上稀释液处理过的表面上可直接进行涂刷和喷漆。

(6) 独特的气相作用，保护未涂层或难以触及的表面。

(7) 具有良好的耐硬水性能。

(8) 热稳定性好，在高温状态时仍具有良好的防锈功能。

(9) 适用于所有含铁的材质上，可以喷淋和浸渍；不含亚硝酸盐和硝酸盐。

(10) 在金属表面形成疏水性薄膜。

4. 防霉涂料

防霉涂料具有建筑装饰和防霉作用的双重效果，对霉菌、酵母菌有广泛高效和较长时间的杀菌和抑制能力。与普通装饰涂料的根本区别在于，防霉涂料在制造过程中加入了一定量的霉菌抑制剂或抑制霉菌的无机纳镁粉体。

第六节 装饰木地板

一、实木地板

实木地板又名原木地板，是用实木直接加工成的地板，即将天然木材经烘干、加工后形成的地面装饰材料。它具有木材自然生长的纹理，是热的不良导体，具有冬暖夏凉、脚感舒适、使用安全的特点，是卧室、客厅、书房等地面装修的理想材料。优点：耐用性高，没有放射性，不含甲醛，美观自然；缺点：难保养，价格高，如图 2-47 所示。

图 2-47 实木地板

二、复合木地板

复合木地板也叫强化木地板。复合地板一般都是由四层复合木地板材料复合组成：底层、基材层、装饰层和耐磨层组成。其中耐磨层的转数决定了复合地板的寿命。复合木地板强韧、耐磨、耐腐、耐冲击，具有一定的防火性。复合地板的缺点是大面积铺设时，会出现整体起拱变形的现象。由于其为复合而成，板与板的边角容易折断或磨损，如图 2-48 所示。

图 2-48 复合木地板

三、实木复合地板

实木复合地板由不同树种的板材交错层压而成，一定程度上克服了实木地板干缩湿胀的缺点，干缩湿胀率小，具有较好的尺寸稳定性，并保留了实木地板的自然木纹和舒适的脚感。实木复合地板不仅兼具复合木地板的稳定性与实木地板的美观性，而且还具有环保优势。

具体优势包括以下方面。

（1）易打理清洁，经过护理会光亮如新，不嵌污垢，易于打扫。实木复合地板的表面涂漆处理得很好，耐磨性好，且不用花太多精力保养。据了解，市场上好的实木复合地板三年内不打蜡，也能保持漆面光亮如新，这与实木地板的保养形成了强烈的对比。

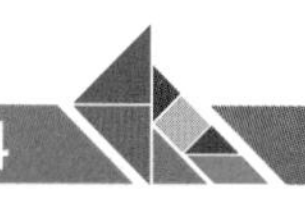

（2）质量稳定，不容易损坏。由于实木复合地板的基材采用了多层单板复合而成，木材纤维纵横交错成网状并叠压组合，使木材的各种内应力在层板上相互适应，确保了木地板的平整性和稳定性，并结合了实木地板的美观性于一体，既能享受到原生态的温馨，又解决了实木地板难保养的缺点，是强化木地板和实木地板的美好结晶。

（3）价格实惠。实木复合地板由于结构独特的关系，对木材的要求没那么高，且能充分利用材料，因此价格比实木地板要低很多。

（4）安装简单。实木复合地板安装时不用打地龙骨，只要找平即可，还能提高层高。而且由于安装的要求简单，大大降低了安装带来的隐患，如图 2-49 所示。

图 2-49 三层实木复合地板结构示意图

四、竹木地板

竹木地板是采用适龄的竹木精制而成，地板无毒，牢固稳定，不开胶，不变形，经过脱去糖分、淀粉、脂肪、蛋白质等特殊无害处理后的竹材，具有超强的防虫蛀的功能。地板的六面用优质耐磨漆密封，阻燃、耐磨、防霉变，其表面光洁柔和，几何尺寸好，品质稳定。

竹木地板的加工工艺与传统意义上的竹木制品不同，它是采用中上等竹材，经严格选材、制材漂白、硫化、脱水、防虫、防腐等工序加工处理之后，再经高温、高压、胶合等工艺制成的。铺设后不易开裂、扭曲、变形或起拱。但竹木地板强度高，硬度强，脚感不如实木地板舒适，外观也没有实木地板丰富多样。

竹木地板突出的优点便是冬暖夏凉。竹子自身并不生凉防热，但由于导热系数低，就会体现出这样的特性，让人无论在什么季节都可以舒适地赤脚在上面行走，特别适合铺装在老人、小孩的卧室。

竹木地板也有明显的不足。在使用中应注意，竹木地板虽然经过干燥处理，减少了尺寸的变化，但因其竹材是自然型材，所以它还会随气候的干湿变化而发生变形。因此，室内需要通过人工手段来调节湿度或保持室内干燥，否则可能出现变形，如图 2-50 所示。

竹木复合板

室内竹木地板

实竹侧压碳色地板

重竹地板

图 2-50 竹木地板

第七节 装饰玻璃

一、平板玻璃

平板玻璃也称白片玻璃或净片玻璃，其化学成分一般属于钠钙硅酸盐，具有透光、透明、保温、隔声、耐磨、耐气候变化等特点。

1. 分类

（1）按厚度可分为薄玻璃、厚玻璃、特厚玻璃；按表面状态可分为普通平板玻璃、压花玻璃、磨光玻璃、浮法玻璃等。平板玻璃还可以通过着色、表面处理、复合等工艺制成具有不同色彩的效果，如图 2-51 所示。

图 2-51 平板玻璃

（2）特殊性能的制品，如吸热玻璃、热反射玻璃、选择吸收玻璃、中空玻璃、钢化玻璃、夹层玻璃、夹丝网玻璃、颜色玻璃等（见新型建筑玻璃、安全玻璃）。普通平板玻璃（大多为门、窗玻璃）一般是指用有槽垂直引上、平拉、无槽垂直引上及旭法等工艺生产的玻璃。根据国家标准《平板玻璃》(GB 11614—2009) 的规定，净片玻璃按其公称厚度，可分为 2mm、3mm、5mm、6mm、8mm、10mm、12mm、15mm、19mm、22mm、25mm 等多种规格，一般用于建筑、厂房、仓库等，也可用它加工成毛玻璃、彩色釉面玻璃等；厚度在 5mm 以上的可以作为生产磨光玻璃的毛坯。常见的地平板中使用的磨光玻璃和浮法玻璃是用普通平板玻璃经双面磨光、抛光或采用浮法工艺生产的玻璃，一般用于民用建筑、商店、饭店、办公大楼、机场、车站等建筑物的门窗、橱窗及制镜等，也可用于加工制造钢化、夹层等安全玻璃。

2. 特性

平板玻璃具有良好的透视，透光性能好，对太阳光中近红外射线的透过率较高，但对可见光设置室内墙顶地面和家具、织物而反射产生的远红外长波热射线却可以有效阻挡，因此可产生明显的“暖房效应”。无色透明平板玻璃对太阳光中紫外线的透过率较低。平板玻璃具有隔声和一定的保温性能，其抗拉强度远小于抗压强度，是典型的脆性材料。平板玻璃具有较高的化学稳定性，通常情况下，对酸、碱、盐及化学试剂及气体有较强的抵抗能力，但长期遭受侵蚀介质的作用也能导致质变和破坏，如玻璃的风化和发霉都会导致外观的破坏和透光效果的降低。平板玻璃热稳性较差，急冷急热时易发生爆裂。

二、浮法玻璃

浮法玻璃是指用浮法工艺生产的玻璃。通过浮法玻璃工艺生产的玻璃具有高平整度，并且没有像平拉法或铅法那样多的玻璃表面划痕或其他质量问题。适用于各种常规玻璃制品的冷热加工。浮法玻璃应用广泛，其中超白浮法玻璃具有广泛的用途及广阔的市场前景，主要应用在高档建筑、高档玻璃加工和太阳能光电幕墙领域以及高档玻璃家具、装饰用玻璃、仿水晶制品、灯具玻璃、精密电子行业、特种建筑等方面。

对于浮法玻璃来说，由于厚度的均匀性比较好，其产品的透明度也比较强，因为经过锡面的处理比较光滑，在表面张力的作用下，所以形成了一种表面比较整齐、平面度比较好、光学性能比较强的玻璃，这种浮法玻璃的装饰特性特别好，更具有良好的透明性、明亮性、纯净性，以及室内的光线明亮等特点，视野的广阔性能，同时还是建筑门窗、天然采光材料的首选材料，更是应用广泛的建筑材料之一，可以说，从建筑玻璃的多种类型来看，这种浮法玻璃应用最广泛，是进行玻璃深加工的最为重要的原片之一，超白的浮法玻璃以透明度、纯净度最佳为主要特色。

三、磨砂玻璃

磨砂玻璃又叫毛玻璃、暗玻璃，是用普通平板玻璃经机械喷砂、手工研磨（如金刚砂研磨）或化学方法处理（如氢氟酸溶蚀）等，将表面处理成粗糙不平整的半透明玻璃。一般多用在办公室、卫生间的门窗上面，用作其他房间的玻璃也可以。

1．特性

由于磨砂玻璃表面粗糙，使光线产生漫反射，透光而不透视：光线通过磨砂玻璃反射后向四面八方射出去（因为磨砂玻璃表面不是光滑的平面，使光产生了漫反射），折射到视网膜上已经是不完整的像，于是就看不见玻璃背后的东西了。它可以使室内光线柔和而不刺目。

当磨砂玻璃上贴了透明胶布，其表面又变得平整了，光线可以完整被反射，所以，在视网膜上又呈现出完整的影像轮廓，因而，眼睛又能看到物体了。另外，用湿布擦磨砂玻璃也能看清楚影像轮廓，如图 2-52 所示。

图 2-52 磨砂玻璃

2．优点

（1）隔音效果好。在制造隔音玻璃的时候，可以采用磨砂玻璃，因为磨砂玻璃在隔音方面有很好的效果。

（2）安全程度高。磨砂玻璃属于安全玻璃的一种，用起来很安全，很好地保证了人身安全。玻璃属于易碎品，在受到外力的作用后，玻璃很容易就破碎了，使用起来很不安全，而且玻璃损坏也会增加用户的成本。用磨砂玻璃不但很好地解决了安全方面的问题，而且价格相对来说也比较低，使用时间也比较长。

（3）保护了隐私。磨砂玻璃从表面上看看不清室内的情况，给人一种很模糊的感觉，很好地保证了房间的私密性。而且不会对采光产生影响，室内的采光好。

3．缺点

（1）磨砂玻璃不能再进行切割和再加工，只能在加工时就对玻璃进行加工至需要的形状，再进行钢化处理。

（2）磨砂玻璃强度虽然比普通玻璃强，但是磨砂玻璃在温差变化大时有自爆的可能，而普通玻璃不存在自爆的可能性。

（3）磨砂玻璃的表面会存在凹凸不平现象，有轻微的厚度变薄的情形，此外磨砂玻璃不能做镜面。

4．用途

（1）常用于需要隐蔽的浴室、办公室的门窗及隔断。使用时应将毛面向室内，但在卫生间使用时毛面应该朝外。

(2) 常用于化学试剂瓶中，例如集气瓶的瓶口是磨砂的，用磨砂玻璃片是为了保证磨砂玻璃与集气瓶接触更为紧密。用磨砂玻璃时也要用磨砂的这一面，这样收集的气体就不容易外漏了。

四、压花玻璃

压花玻璃是采用压延方法制造的一种平板玻璃，在玻璃硬化前用刻有花纹的辊筒在玻璃的单面或者双面压上花纹，从而制成单面或双面有图案的压花玻璃。

压花玻璃的表面压有深浅不同的各种花纹图案，由于表面凹凸不平，所以光线透过时即产生漫射，因此从玻璃的一面看另一面的物体时，物像就模糊不清，形成了透光不透视的特点。另外，压花玻璃由于表面具有各种方格、圆点、菱形、条状等花纹图案，非常漂亮，所以也具有良好的艺术装饰效果。

1. 分类

压花玻璃的透视性因花纹、距离的不同而各异。

(1) 按其透视性可分为近乎透明可见的、稍有透明可见的、几乎遮挡看不见的和完全遮挡看不见的。

(2) 按其类型可分为压花玻璃、压花真空镀铝玻璃、立体感压花玻璃和彩色膜压花玻璃等。压花玻璃与普通透明平板玻璃的理化性能基本相同，仅在光学上具有透光不透明的特点，可使光线变得柔和，并具有保护私密性的作用和一定的装饰效果。压花玻璃适用于建筑的室内间隔、卫生间门窗，以及需要光线又需要阻断视线的各种场合。

2. 选择

压花玻璃也是属于平板玻璃的一种，只是在平板的基础上又进行了压花的处理，所以在选择上和平板玻璃一样。只是在选择时需要考虑压花玻璃的花纹是否漂亮，这点跟个人的审美观有很大关系。除此之外，有些压花玻璃还是彩色的，因而还需要考虑和室内空间的颜色和设计风格的协调性。

3. 应用

压花玻璃适用于室内间隔、卫生间门窗及需要采光又需要阻断视线的各种场合。压花玻璃因为是压制而成的，它的强度要比普通平板玻璃大得多。同时压花玻璃可以生产成各种的颜色，可以作为一种很好的装饰材料用于室内的各个空间。压花玻璃具有的强度高、装饰效果好的特点使得它在室内各个空间中都能够被广泛采用，客厅、餐厅、书房、屏风、玄关都适合安装压花玻璃。与压花玻璃类似的是磨砂玻璃，磨砂玻璃与压花玻璃两者在光学性质上并没有区别，只不过磨砂玻璃面上的纹理更小、更细密，因此经过磨砂玻璃反射、折射和漫射的光线相比压花玻璃更均匀柔和。

五、彩色玻璃

彩色玻璃是将色彩和图案、各类艺术绘画、影像绘制或印刷在玻璃或有机玻璃上。使用彩色玻璃的吊顶通常与各类光源配合使用，为避免灯光的热量影响，材料多选用耐老化的玻璃，设计上多用发光玻璃顶棚来减少空间的压抑感，在旧房型中对狭小卫生间的顶棚也常采用此手法。如今，随着对家庭装饰的艺术要求越来越高，彩绘玻璃顶棚的彩绘内容更具有多样性，再配合设计风格，可以创造居室个性化文化氛围。选择彩绘玻璃进行施工时，做法与明龙骨块型板材吊顶相同，即由主龙骨承重，次龙骨承托玻璃板材。需注意的是：①玻璃自重较大，承托的龙骨一定要有足够的强度；②玻璃放置一定要保证平直，接口严密，防止玻璃意外坠落造成伤害，如图 2-53 所示。

图 2-53 彩绘玻璃吊顶

六、热熔玻璃

热熔玻璃又称水晶立体艺术玻璃，是装饰行业中出现的新家族。热熔玻璃以其独特的装饰效果成为设计单位、玻璃加工业主、装饰装潢业主关注的焦点。热熔玻璃跨越现有的玻璃形态，充分体现了设计者和加工者的艺术构思，把现代或古典的艺术形态融入玻璃之中，使平板玻璃加工出各种凹凸有致、色彩斑斓的艺术效果。热熔玻璃产品种类较多，目前已经有热熔玻璃砖、门窗用热熔玻璃、大型墙体嵌入玻璃、隔断玻璃、一体式卫浴玻璃洗脸盆、成品镜边框、玻璃艺术品等类别，应用范围因其独特的玻璃材质和艺术效果而变得十分广泛，如图 2-54 所示。

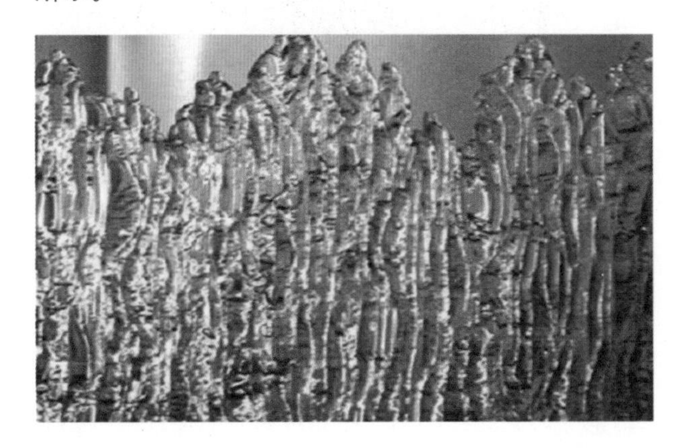

图 2-54 热熔玻璃

1. 热熔玻璃的特点

热熔玻璃优点显著，比如图案丰富、立体感强、装饰华丽、光彩夺目，解决了普通装饰玻璃立面单调呆板的问题，使玻璃面具有很生动的造型，满足了人们对装饰风格多样和美感的追求。

2. 热熔玻璃的成分结构

热熔玻璃是采用特制热熔炉，以平板玻璃和无机色料等作为主要原料，设定特定的加热程序和退火曲线，在加热到玻璃软化点以上，经特制成型模进行模压成型后退火而成，根据需要可再进行雕刻、钻孔、修裁等工艺加工。

3．热熔玻璃的应用

热熔玻璃品种繁多，已经有热熔玻璃砖、门窗用热熔玻璃、大型墙体嵌入玻璃、隔断玻璃、一体式卫浴玻璃洗脸盆、玻璃艺术品等各种产品，适应范围大大扩展。可以用于制作客厅电视和沙发背景墙、门窗玻璃、隔断、玄关灯各处，如图 2-55 所示。

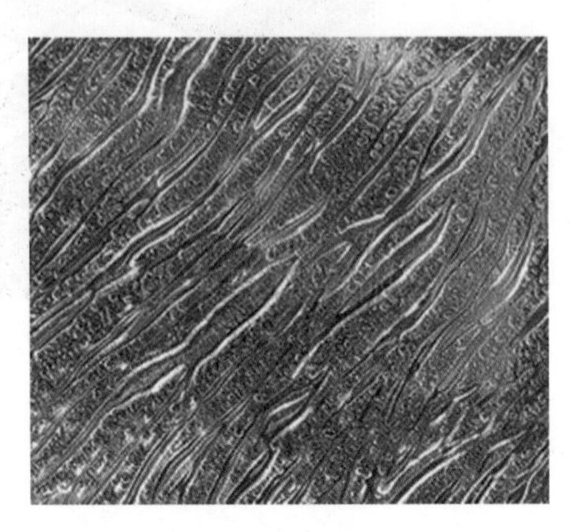

图 2-55　热熔玻璃

七、钢化玻璃

钢化玻璃是一种预应力玻璃，属于安全玻璃。为提高玻璃的强度，通常使用化学或物理的方法，在玻璃表面形成压应力，玻璃承受外力时首先抵消表层应力，从而提高了承载能力，也增强了玻璃自身的抗风压性、抗寒暑性、抗冲击性等，如图 2-56 所示。

图 2-56　钢化玻璃

八、夹层、夹丝玻璃

夹丝玻璃是安全玻璃的一种，是将预先纺织好的钢丝网压入经软化后的红热玻璃中治成。夹丝玻璃分为夹丝压花玻璃和夹丝磨光玻璃两类。产品按厚度分为 6mm、7mm 与 10mm 三种。按等级分为优等品、次等品和合格品。产品尺寸一般不小于 6000mm × 400mm，不大于 2000mm × 1200mm，如图 2-57 所示。

夹丝玻璃是采用压延工艺生产出来的一种安全玻璃，是由成卷的金属丝网由供网装置展开后送往熔融的玻璃液中，随着玻液一起通过上、下压延辊后制成。夹丝玻璃中的金属丝网网格形状一般为方形或者六角形，而玻璃表面可以带花纹，也可以是光面，厚度一般为 6 ～ 16mm（不含中间丝的厚度）。

夹丝玻璃即使被打碎，线或网也能支住碎片，很难崩落和破碎。即使火焰穿破时，也可遮挡火焰和火粉末的侵入，有防止从开口处扩散延烧的效果。按《日本建筑标准法》第 64 条，对防火门做了规定。外壁开口部必须防止火焰的扩散延烧，采用夹丝玻璃与乙种防火门的框架相结合，可以作为乙种防火材料使用。夹丝玻璃能防止碎片飞散。即使遇到地震、暴风、冲击等外部压力使玻璃破碎时，碎片也很难飞散，所以与普通玻璃相比，不易造成碎片飞散伤人，如图 2-58 所示。

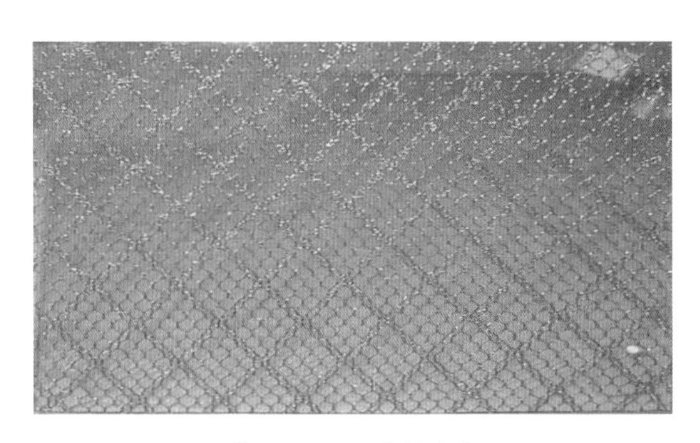

图 2-57　夹丝玻璃

图 2-58　破碎的夹丝玻璃

夹层、夹丝玻璃的特性如下：

（1）安全性好。夹丝玻璃由于金属丝网的骨架作用，碎片不会飞溅，避免了碎片对人体造成伤害的风险，较普通玻璃安全。

（2）防火性好。夹丝玻璃遇高温炸裂时，玻璃仍能保持固定，可防止火焰蔓延。

（3）防盗、防抢性好。发生破裂时金属丝仍能保持一定的阻挡性，起到防盗、防抢的作用。

（4）耐急冷、急热性能差，因此夹丝玻璃不能用在温度变化大的部位。

（5）玻璃边部裸露的金属丝易锈蚀，故夹丝玻璃切割后，切口处应做防锈处理。

（6）夹丝玻璃透视性不好，其内部有金属丝网存在，故对视觉效果有一定干扰，如图 2-59 所示。

图 2-59　夹丝玻璃做隔断

九、中空玻璃

中空玻璃是由两层或两层以上的平板玻璃原片构成，在玻璃原片与铝合金框和橡皮密封条四周，用高强气密性复合胶黏剂将其密封，中间充入干燥剂和干燥气体，还可敷贴涂抹各种颜色和性能的薄膜。

中空玻璃原片可使用平板、压花、钢化、热反射、吸热或夹丝等玻璃。其制造方法分焊接法、胶结法和熔接法。

1．中空玻璃的特点

（1）具有较好的隔声性能，一般可使噪声下降 30 ～ 40dB，即能将街道汽车噪声降低到学校教室的安静程度。

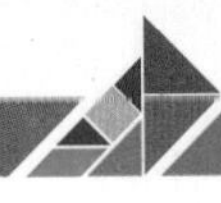

（2）避免冬季窗户结露。在室内一定的相对湿度下，当玻璃表面达到某温度时，出现结露直至结霜。这一结露的温度叫作露点。玻璃结露后将严重地影响透视和采光，引起其他不良效果。中空玻璃的露点很低，在通常情况下，中空玻璃接触室内高湿度空气时，玻璃表面温度较高，而外层玻璃虽然温度低，但接触的空气温度也低，所以不会结露水。

（3）隔热性能好。中空玻璃内密闭的干燥空气是良好的保温隔热材料，其导热系数与常用的 3 ~ 6mm 单层透明玻璃相比可以大大降低。

2．中空玻璃的规格及技术要求

中空玻璃一般为正方形或长方形，也可做成异形（如圆形或半圆形）等。中空玻璃的密封露点、紫外线照射、气候循环和高温、高湿性能按《中空玻璃》(GB / T 11944—2012) 进行检验，如图 2-60 所示。

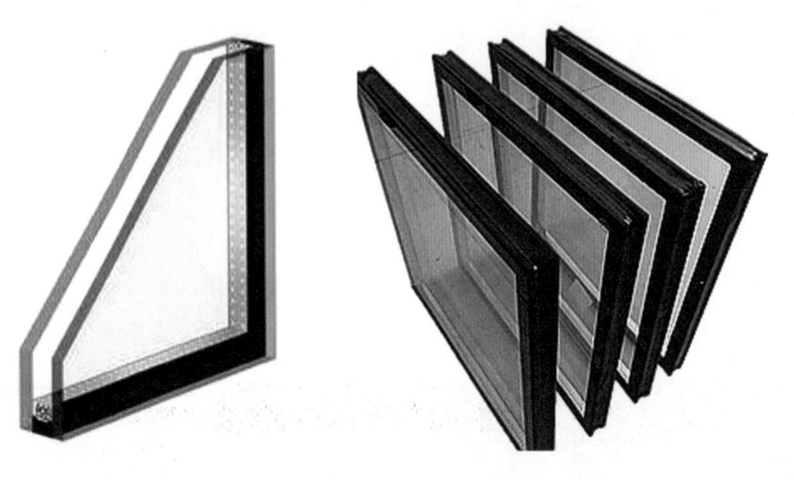

图 2-60　中空玻璃示例

3．中空玻璃的用途

中空玻璃具有优良的隔热、隔声和防结露性能。在建筑的维护结构中可代替部分用护墙，并以中空玻璃单层窗取代传统的单层玻璃窗，可有效地减轻墙体重量，中空玻璃主要用于需要采暖、空调、防噪声、控制结露、调节光照等建筑物上，或要求较高的建筑场所（如店馆住宅、医院、商场、写字楼等），也可用于需要空调的车、船的门窗等处。但中空玻璃是在工厂按尺寸生产的，现场不能切割加工，所以使用前必须先选好尺寸，如图 2-61 所示。

图 2-61　写字楼外玻璃

十、玻璃砖

玻璃砖是用透明或有颜色的玻璃制成的块状、空心的玻璃制品或块状表面施釉的制品。其品种主要有玻璃饰面砖、玻璃锦砖（马赛克）及空心玻璃砖等。常见规格有常规砖（190mm×190mm×80mm）、小砖（145mm×145mm×80mm）、厚砖（190mm×190mm×95mm 或 145mm×145mm×95mm）、特殊规格砖（240mm×240mm×80mm 或 190mm×90mm×80mm）。

1．功能

玻璃砖可应用于外墙或室内间隔，提供良好的采光效果，并有延续空间的感觉。不论是单块镶嵌使用还是整片墙面使用，皆有画龙点睛之效；玻璃砖应用于外门，将自然的光线和室外的景色带入室内。玻璃砖强度高、耐久性好，能经受住风的袭击，不需要额外的维护结构就能保障安全性。另外，由于玻璃制品所具有的特性，用于采光及防水功能的区域也非常多。

2．特性

玻璃砖具有良好的耐火和防火性能。根据相关规定，单层玻璃砖墙和乙种防火门有同等的性能，双层玻璃砖墙有一小时的耐火性能。由于每一块玻璃砖都是部分中空的，能够隔绝外部的热量、火焰和噪声。另外，玻璃砖可以使厨房明亮通透；透明玻璃砖允许日光进入房间，可节约电能。

3．种类

玻璃砖根据款式可分为透明玻璃砖、雾面玻璃砖、纹路玻璃砖几种，玻璃砖的种类不同，光线的折射程度也会有所不同。玻璃砖可供选择的颜色有多种。玻璃的纯度会影响到整块砖的色泽，纯度越高的玻璃砖，价格相对也就越高。没有经过染色的透明玻璃砖如果纯度不够，其玻璃砖色会呈绿色，缺乏自然透明感。玻璃马赛克又叫作玻璃锦砖或玻璃纸皮砖，它是一种小规格的彩色饰面玻璃，一般规格为 20mm×20mm、30mm×30mm、40mm×40mm，厚度为 4 ～ 6mm，属于有各种颜色的小块玻璃镶嵌材料。玻璃马赛克由天然矿物质和玻璃粉制成，是最安全的建材，也是杰出的环保材料。它耐酸碱，耐腐蚀，不褪色，是最适合装饰卫浴房间墙和地面的建材。它算是最小巧的装修材料，组合变化的可能性非常多：具象的图案、同色系深浅跳跃或过渡，或为瓷砖等其他装饰材料做纹样点缀等，如图 2-62 和图 2-63 所示。

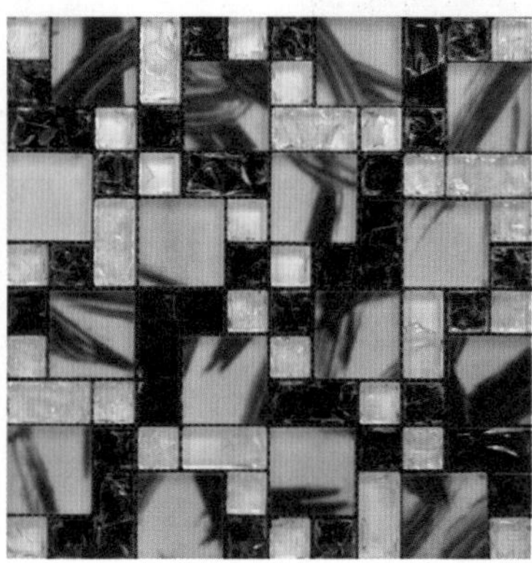

图 2-62　玻璃马赛克

图 2-63　玻璃砖

十一、镭射玻璃

镭射玻璃是一种新型的装饰玻璃，这种玻璃是以平板玻璃为基材，采用高稳定性的结构材料，经特殊的深加工工艺制成。镭射钢化玻璃用于高级地面装饰，其反射率可在 10% ～ 90% 范围内进行调整，且抗冲击、硬度和耐磨性都优于天然大理石，同花岗石相近，耐老化的寿命是塑料地面装饰材料的 10 倍以上，且有红色、紫色、蓝色、银白色、灰色和黑色等多种颜色，最大限度地满足了装饰效果方面的要求。

平面玻璃经过特殊工艺处理后，使玻璃的背面出现全息或其他光栅，在灯光、月光或太阳光等光源的照射下形成衍射分光，再经过金属材料反射后出现美丽的七色光，且在同一感光面感光点，因光源的入射角度不同而出现不同色彩的变化，使被装饰物显得华贵高雅，因此，镭射玻璃适合高级宾馆、饭店、酒店、文化娱乐和大型商业设施的装饰，如北京的五洲大酒店、广州的娱乐大世界、上海的百乐门酒店和深圳的阳光大酒店等公共建筑的装饰都用了镭射玻璃，取得了良好的装饰效果，如图 2-64 ～图 2-67 所示。

图 2-64　彩色镭射玻璃

图 2-65　镭射镀铝膜

图 2-66　镭射玻璃

图 2-67　镭射玻璃球

十二、微晶玻璃装饰板

微晶玻璃装饰板是由适当组成的玻璃颗粒经烧结和晶化，制成由结晶和玻璃组成的质地坚硬、致密均匀的复相材料，基本色调有白色、灰色、蓝色、绿色、红色和黑色等，适用于高级宾馆、饭店、银行、会堂、商场、博物馆、展览馆、地铁、候机楼、车站等的室外墙面、柱面、地面的装饰处，如图 2-68 ～图 2-73 所示。

图 2-68 光敏微晶玻璃

图 2-69 微晶玻璃陶瓷复合板

图 2-70 赤泥微晶玻璃

图 2-71 黑色微晶玻璃板

图 2-72 陶瓷微晶玻璃板

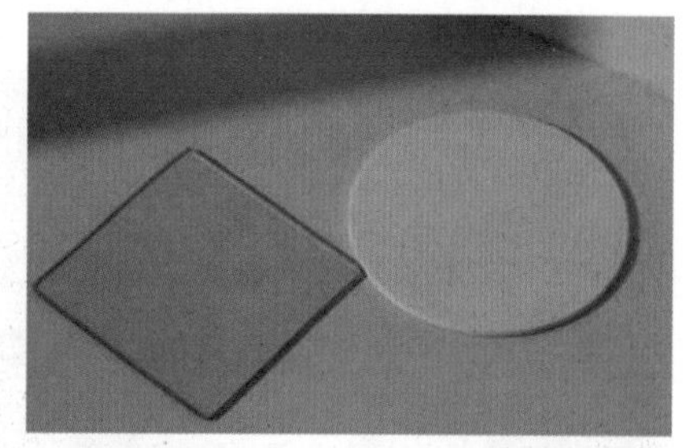

图 2-73 特种微晶玻璃板

微晶玻璃装饰板按形状可分为普型板和异型板，其普型板为正方形板材或长方形板材，要求优等品厚度为 ±2.0mm，合格品厚度为 ±2.5mm；其异型板为其他形状板材。

微晶玻璃装饰板按表面加工程度可分为镜面板和亚光面板。其镜面板表面平整，是镜面光泽的板。镜面板材的镜面光泽度的优等品要求不低于 85 光泽单位，合格品不低于 71 光泽单位；其亚光面板表面具有均匀细腻的光漫反射能力。

根据相关规定，微晶玻璃装饰板平面板材的角度公差，优等品要小于或等于 0.5mm，合格品要小于或等于 1.0mm。板材拼缝正面与侧面的夹角不得大于 90°，合格品不允许出现缺棱、缺角等现象，合格品缺棱长度、宽度不超过 10mm × 1mm，缺角面积不超过 5mm × 2mm。要求同一颜色、同一批号板材花纹颜色基本一致，色差不大于 2.0CIELab 色差单位（CIELab 是 CIE 的一个颜色系统。CIELab 的意思是基于这个颜色系统之上，基本是用于确定某个颜色的数值信息）。

第八节 装饰金属材料与镧品

一、铝扣板吊顶

铝扣板由轻质铝板一次冲压成型，外层再用特种工艺喷涂塑料，使得色彩艳丽丰富，是一种长期使用也不褪色的装饰材料。铝扣板的特点是防火、防潮，还具有防腐、抗静电、吸声、美观、变形小、便于清洁的特点，适用于厨房、卫生间等潮湿、高温的环境，在施工上有自重轻、构造简单、组装灵活、安装方便的特点，如图 2-74 所示。

二、不锈钢饰面

不锈钢是不锈耐酸钢的简称，是指耐空气、蒸汽、水等弱腐蚀介质和酸、碱、盐等化学浸蚀性介质腐蚀的钢，又称不锈耐酸钢。实际应用中，常将耐弱腐蚀介质的钢称为不锈钢，而将耐化学介质腐蚀的钢称为耐酸钢。由于两者在化学成分上的差异，前者不一定耐化学介质腐蚀，而后者则一般均具有不锈性。不锈钢的耐蚀性取决于钢中所含的合金元素。

不锈钢常按组织状态分为马氏体钢、铁素体钢、奥氏体钢、奥氏体—铁素体（双相）不锈钢及沉淀硬化不锈钢等。另外，可按成分划分为铬不锈钢、铬镍不锈钢和铬锰氮不锈钢等。

由于两者在化学成分上的差异而使它们的耐蚀性不同，普通不锈钢一般不耐化学介质腐蚀，而耐酸钢则一般均具有不锈性。“不锈钢”一词不仅仅是单纯指一种不锈钢，而是表示一百多种工业不锈钢，所开发的每种不锈钢都在其特定的应用领域具有良好的性能，如图 2-75 所示。

图 2-74　铝扣板

图 2-75　不锈钢管

三、铁艺制品

铁艺制品是将含碳量很低的生铁烧熔，倾注在透明的硅酸盐溶液中，两者混合形成椭圆状金属球，再经高温剔除多余的熔渣，之后轧成条形熟铁环，经过除油污、杂质、除锈、防锈以及艺术处理后才能成为家庭装饰用品。

铁艺制品的分类如下：一类是用锻造工艺，即以手工打制生产的铁艺制品，这种制品材质比较纯正，含碳量较低，其制品也较细腻，花样丰富，是家居装饰的首选；另一类是铸铁铁艺制品，这类制品外观较为粗糙，线条直白粗犷，整体制品笨重，这类制品价格不高，并且易生锈。

第九节　装饰墙纸与装饰织物

墙面装饰织物是目前我国使用最为广泛的墙面装饰材料。墙面装饰以多变的图案、丰富的色泽、仿制传统材料的外观、以独特的柔软质地产生的特殊效果来柔化空间并美化环境而深受用户的喜爱。这些壁纸和墙布的基

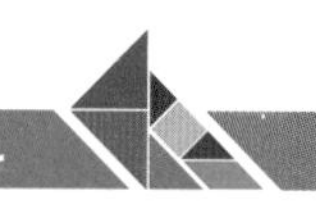

层材料有全塑料的、布基的、石棉纤维基层的和玻璃纤维基层的等。其功能为吸声、隔热、防菌、防火、防霉、耐水良好的装饰效果，在宾馆、住宅、办公楼、舞厅、影剧院等有装饰要求的室内墙面、顶棚应用较为普遍。

一、墙纸

墙纸也称为壁纸，是一种用于裱糊墙面的室内装修材料，具有色彩多样和图案丰富、豪华气派、安全环保、施工方便、价格适宜等多种其他室内装饰材料所无法比拟的特点。壁纸分为很多类，如覆膜壁纸、涂布壁纸、压花壁纸等。壁纸的生产过程是：通常用漂白化学木浆生产原纸，再经不同工序的加工处理，如涂布、印刷、压纹或表面覆塑，最后经裁切、包装后出厂。壁纸具有一定的强度、韧度、美观的外表和良好的抗水性能。

下面介绍常用的各种类型的壁纸。

1．塑料壁纸

塑料壁纸是以优质木浆纸为基层，以聚氯乙烯塑料为面层，经印刷、压花、发泡等工序加工而成。塑料壁纸品种繁多，色泽丰富，图案变化多样，有仿木纹、石纹、锦缎的，也有仿瓷砖、黏土砖的，在视觉上可达到以假乱真的效果，是目前被使用最多的一种壁纸。

塑料壁纸分为普通壁纸、发泡壁纸和特种壁纸三类。

(1) 普通壁纸。这类壁纸花色品种多，有单色压花、印花压花、有光印花、平色印花等多种类型，每种类型又有几十乃至上百种花色。

(2) 发泡壁纸。这类壁纸有高发泡印花、低发泡印花等品种。高发泡壁纸表面呈富有弹性的凹凸花纹，具有吸声和装饰双重功能。低发泡壁纸有拼花、仿木纹、仿瓷砖等花色。

(3) 特种壁纸。这类壁纸有耐水壁纸、阻燃壁纸、彩砂壁纸等品种，可用于有防水要求的卫生间、浴室，有防火要求的木板墙面装饰及需有立体质感的门厅、走廊局部装饰等。特种壁纸按其功能可分为耐水壁纸、防火壁纸、吸烟壁纸、发光壁纸和风景壁纸等品种。

2．纺织壁纸

纺织壁纸又称纺织纤维墙布或无纺贴墙布，其原材料主要是丝、棉、麻等纤维，由这些原料织成的壁纸(壁布)具有色泽高雅、质地柔和、手感舒适、弹性好的特征。纺织壁纸是较高档的品种，质感好、透气，用它装饰居室，给人以高雅、柔和、舒适的感觉。

纺织壁纸分为棉纺壁纸、锦缎壁纸和化纤装饰壁纸三类。

(1) 棉纺壁纸。这是将纯棉布进行处理并加上印花涂层制作而成，它具有挺括、不易折断、有弹性、表面光洁而有羊绒毛感，纤维不老化、不散失，对皮肤无刺激作用等特点。且色泽鲜艳、图案雅致、不易褪色，具有一定的透气性和可擦洗性，适用于抹灰墙面、混凝土墙面、石膏板墙面、木质板墙面、石棉水泥墙面等基层的粘贴。

(2) 锦缎壁纸。这是更高级的一种壁纸类型，要求在三种颜色以上的缎纹底上再织出绚丽多彩、古雅精致的花纹。缎面色泽绚丽多彩、质地柔软，对裱糊的技术工艺要求更高，属于室内高级装饰。

(3) 化纤装饰壁纸。这是以涤纶、腈纶、丙纶等化纤布为基材，经处理后印花而成，其特点是无味、透气、防潮、耐磨、不分层、强度高、质地柔和高雅、耐晒、不褪色，适于各种基层的粘贴，如图 2-76 所示。

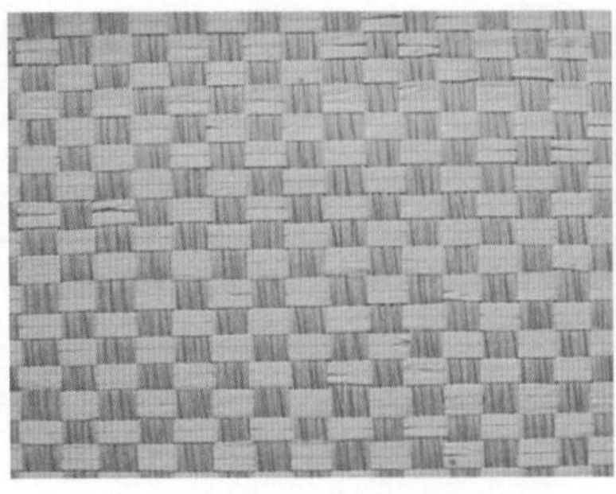

图 2-76　纺织壁纸

3. 天然材料壁纸

天然材料壁纸是一种用草、麻、木材、树叶等天然植物制成的壁纸，如麻草壁纸。它是以纸作为底层，以编织的麻草为面层，经复合加工而成。也有用珍贵树种的木材切成薄片制成的。这类壁纸具有吸声、散潮的特点，装饰风格自然、古朴、粗犷，给人以置身自然原野的美感。

天然材料壁纸大多为环保型壁纸，不含氯乙烯等有毒气体，燃烧生成的是二氧化碳和水。由于木纤维和木浆等材料具有良好的透气性，因此防潮及防霉变性能良好。另外，天然材料壁纸可重复粘贴，不容易出现褪色、起泡翘边现象，产品更新无须将原有墙纸铲除（凹凸纹除外），可直接张贴在原有墙纸上，并得到双重墙面保护，如图 2-77 所示。

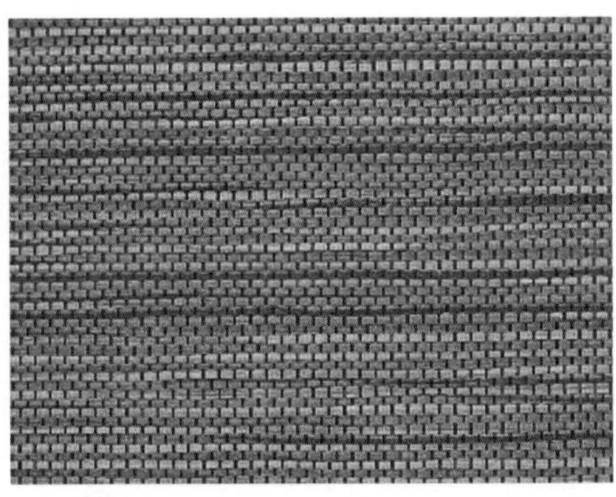

图 2-77　天然材料壁纸

4. 绒面壁纸

将短纤维粘结在纸基上，从而产生出良好质感的绒布效果。它的特点是有很好的丝质感，不会因为颜色的亮丽而产生反光。由于采用环保材料，所以不会产生刺鼻的气味，绿色安全，纸基上的短纤维可以起到吸音的极佳效果。在外观方面，花色繁多，适合很多不同年龄、不同地域、不同身份的消费者，可用于高级住宅、别墅、写字楼等高档场所，如图 2-78 所示。

5. 玻璃纤维壁布

玻璃纤维壁布采用天然石英材料精制而成，集技术、美学和自然属性为一体，高贵典雅，返璞归真，独特的欧洲浅浮雕的艺术风格是其他材料所无法代替的。天然的石英材料造就了玻璃纤维壁布环保、健康、超级抗裂的品质，各种编织工艺凸现了丰富的纹理结构，结合墙面涂饰的色彩变化，是现代家居装修必选的壁饰佳品。它的功能特点有：环保、装饰性强、耐擦洗、可消毒、防发霉、防开裂虫蛀、防火性强、应用广泛，如图 2-79 所示。

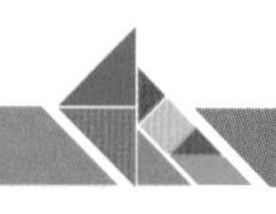

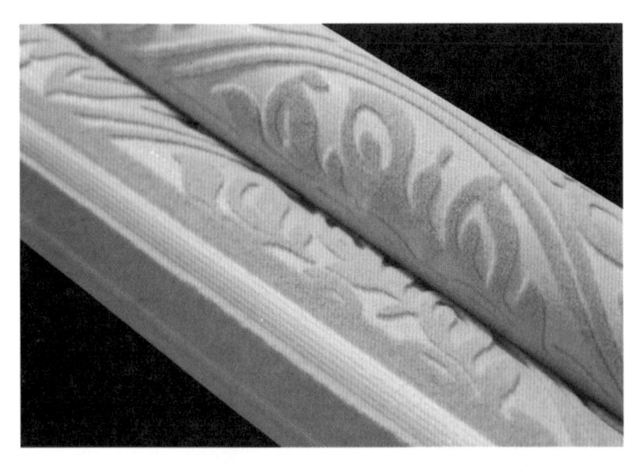

图 2-78 绒面壁纸

图 2-79 玻璃纤维壁布

6．金属膜壁纸

金属膜壁纸是在纸基上涂布一层电化铝箔而制成，具有不锈钢、黄金、白银、黄铜等金属质感与光泽。无毒，无气味，无静电，耐湿，耐晒，可擦洗，不褪色，是一种高档裱糊材料，用该壁纸装修的建筑室内能给人以金碧交辉、富丽堂皇的感受。

二、地毯

地毯是以棉、麻、毛、丝、草等天然纤维或化学合成纤维类原料，经手工或机械工艺进行编结或纺织而成的地面铺敷物，它是世界范围内具有悠久历史传统的工艺美术品类之一。地毯覆盖于住宅、宾馆、体育馆、展览厅、车辆、船舶、飞机等的地面，可起到减少噪声、隔热和装饰的效果。

1．基本特征

地毯弹性好、耐脏、不怕踩、不褪色、不变形。特别是它具有储尘的能力，当灰尘落到地毯之后就不再飞扬，因而它又可以净化室内空气，美化室内环境。地毯具有质地柔软、脚感舒适、使用安全的特点。

2．品种样式

地毯分为化纤地毯、羊毛地毯、麻地毯等品种；尽管地毯有不同的材料及样式，却都有着良好的吸音、隔音、防潮的作用。居住楼房的家庭铺上地毯之后，可以减轻楼上、楼下的噪声干扰。地毯还有防寒、保温的作用，特别适宜风湿病人的居室使用。羊毛地毯是地毯中的上品，被人们称为室内装饰艺术的“皇后”。

地毯主要是用动物毛、植物麻、合成纤维等作为原料，经过编织、裁剪等加工过程所制造的一种高档地面装饰材料。地毯主要有纯毛和化纤两类；纯毛地毯又分为手织和机织两种，前者是采用传统手工工艺生产的纯毛地毯产品，后者是近代发展起来的采用机器化生产的纯毛地毯产品。

（1）纯毛地毯

纯毛地毯是采用优质绵羊毛纺纱，用现代染色技术进行染色，由编织工人依据设计图稿手工编织而成，再以专用机械平整毯面或剪出凹型花的周边，最后用化学方法洗出丝光。手工编织地毯在我国新疆、内蒙古、青海、宁夏等地有悠久历史，国外如伊朗、印度、巴基斯坦、土耳其、澳大利亚等国也有生产。由于地毯文化的不同，因而在地毯的花纹、色彩、样式上形成了各自不同的地域风格。机织纯毛地毯由于采用了机器化生产，提高了工效，节省

了人力，故价格低于手工编织地毯，但其性能与手工编织纯毛地毯相似，是介于手工编织纯毛地毯与化纤地毯之间的一种中高档地毯，可在宾馆、会议室、宴会厅、住宅等场所使用。

(2) 化纤地毯

化纤地毯是以化学合成纤维为原料加工成面层织物，再与背衬材料胶合而成。按所用的化学纤维不同，分为丙纶化纤地毯、腈纶化纤地毯、锦纶化纤地毯、涤纶化纤地毯等。按编织方法还可分为簇绒化纤地毯、针扎化纤地毯、机织化纤地毯及印刷化纤地毯等。

三、窗帘

窗帘主要是由布、麻、纱、铝片、木片、金属材料等制作的，具有遮阳、隔热和调节室内光线的功能。布衣窗帘按材质分为棉纱布、涤纶布、涤棉混纺、棉麻混纺、无纺布等类型，不同的材质、纹理、颜色和图案等综合起来就形成了不同风格的布帘。可以配合不同风格的室内设计窗帘。

窗帘的控制方式分为手动式和电动式。手动窗帘包括手动开合帘、手动拉珠卷帘、手动丝柔垂帘、手动斑马帘、手动木百叶、手动罗马帘、手动风琴帘等。电动窗帘包括电动开合帘、电动卷帘、电动丝柔百叶、电动天棚帘、电动斑马帘、电动木百叶、电动罗马帘、电动风琴帘等。随着窗帘的发展，它已成为居室不可缺少的、功能性和装饰性完美结合的室内装饰品。

1. 作用

窗帘的主要作用是与外界隔绝，保持居室的私密性，同时它又是家装不可或缺的装饰品。在冬季，窗帘将室内外分隔成两个世界，给屋里增加了温馨的暖意。窗帘既可以减光、遮光，以适应人们对光线不同强度的需求；又可以防风、除尘、保暖、消声、隔热、防辐射、防紫外线等，改善居室气候与环境。因此，装饰性与实用性的巧妙结合，是现代家居窗帘的最大特色，如图 2-80 所示。

图 2-80　现代家居窗帘

2. 种类

窗帘已与我们的空间并存，格调和样式都是千变万化的，功能及用途也细化到任何用得着的地方。种类可分为欧式、韩式、中式、遮阳帘、隔音帘、天棚帘、百叶帘、木制帘、竹制帘、金属帘、风琴帘、电动窗帘、手动窗帘等，应有尽有。

1）窗帘根据外形及功能分类

窗帘根据外形及功能不同，可分为卷帘、褶帘、垂直帘和百叶帘。

（1）卷帘收放自如，可分为人造纤维卷帘、木质卷帘、竹质卷帘。其中人造纤维卷帘是以特殊工艺编织而成的，可以过滤强日光辐射，改造室内光线品质，有防静电、防紫外线等功效，如图 2-81 所示。

（2）褶帘根据其功能不同，可分为百叶帘、日夜帘、蜂房帘、百褶帘。其中蜂房帘有吸音效果，日夜帘可在透光与不透光之间任意变换，如图 2-82 所示。

图 2-81　卷帘

图 2-82　褶帘

（3）垂直帘根据其面料不同，可分为铝质帘及人造纤维帘等，如图 2-83 所示。

（4）百叶帘一般分为木百叶、铝百叶、竹百叶等。百叶帘的最大特点在于光线不同，角度得到任意调节，使室内的自然光富于变化，如图 2-84 所示。

图 2-83　垂直帘

图 2-84　百叶帘

2）窗帘按材料特性分类

窗帘按材料特性可分为布艺窗帘及其他材质窗帘。

（1）布艺窗帘

布艺窗帘多年来一直是窗艺装饰的主体，将来仍是主流趋势，只是在面料和形式上有所更新，如图 2-85 所

示。布艺窗帘根据其面料、工艺不同，可分为印花布、染色布、色织布、提花印布等。

① 印花布。这是在素色胚布上用转移或园网的方式印上色彩和图案，其特点是色彩艳丽，图案丰富、细腻。

② 染色布。这是在白色胚布上染上单一色泽的颜色，其特点是素雅、自然。

③ 色织布。这是根据图案需要，先把纱布分类染色，再经交织而构成色彩图案，其特点是不易变色，色织纹路鲜明，立体感强。

④ 提花印布。它是把提花和印花两种工艺结合在一起。

布艺窗帘面料质地有纯棉、麻、涤纶、真丝，也可集中原料混织而成。棉质面料质地柔软、手感好；麻质面料垂感好，肌理感强；真丝面料高贵、华丽，它是由 100% 天然蚕丝构成；涤纶面料挺括、色泽鲜明、不褪色、不缩水。

图 2-85 布艺窗帘

(2) 其他材质窗帘

人们在家居陈设中开始追求自然古朴的感觉，于是便出现了一些诸如苇帘、木帘等其他材质的帘帘。从类型上看，较时尚的窗帘主要有以下几种。

① 斑马帘。斑马帘又名柔纱帘、彩虹帘、柔丽丝、调光卷帘、双层卷帘，是由许多小片且宽度相等的面料和纱布相互间隔织成的一种纺织物，通过一端固定、另一端随轴卷动的方式达到调节光线的目的，如图 2-86 所示。

② 罗马帘。罗马帘是比较适合安装在豪华家居中的布艺帘，它使用的面料范围较广，一般质地的面料都可做罗马帘。这种窗帘装饰效果很好，华丽、漂亮。由于市场上的布料一般都是 1.4m 的幅宽，所以安装罗马帘的窗户宽度最好在 1.4m 以下，中间不用接缝，买布时只需一个长度便可以了，如图 2-87 所示。

图 2-86 斑马帘

图 2-87 罗马帘

③ 塑铝百叶。传统概念中，百叶窗只适合办公室，不适合陈设在家居中。但是现在不少家庭也开始对百叶窗情有独钟。百叶窗帘遮光效果好，透气强，但挡蚊蝇的效果却不如布艺纱帘好。所以百叶窗更适宜安装在家居的厨房内，可用水洗掉油污。为了适应家居的需求，市场上的百叶窗颜色较多，不再是清一色的白色，如图 2-88 所示。

图 2-88 百叶窗帘

④ 木织帘。许多人都在追求一种返璞归真的感觉，木织帘成为一种时尚。竹木织、竹织、苇织、藤织也属于木织帘的类型，如图 2-89 和图 2-90 所示。

图 2-89 木织帘

图 2-90 竹木织帘

木织帘陈设在家居中能显出风格和品位来，它基本不透光，但透气性较好，适用于纯自然风格的家居中。木织帘的用木很讲究，一般是用进口的拉敏木制作的，所以价格偏高，每平方米 200 ～ 300 元。市场上有不少是仿制品，这些仿制的木织帘的材质大多选用国产杨木，中间的木棍不太直，而且上面有明显的毛疵和黑毛。真正的木织帘木棍硬直，表面非常光滑。

市场上偶尔可见的竹帘和苇帘的装饰性极强，但作窗帘效果差一些，它们更适合陈设在古朴及文化味较浓的家居中，挂在一面墙上，上面点缀各种挂件。需要注意的是，竹帘易长霉，苇帘易生虫，所以这两种帘多挂在室外。

但它们价格非常便宜,如果用上一年后长霉生虫,可以换掉,如图 2-91 所示。

藤帘在木织帘中属最高端的制品,由竹子的表皮制成,风吹日晒不变形,透气性很好,适合夏季使用。以上各种木织帘清理时只需用吸尘器吸去尘土即可,如图 2-92 所示。

图 2-91　苇帘

图 2-92　藤帘

各种木织帘与其说是窗帘,不如说是家居风格化的装饰物。家居装饰流行粗犷的、返璞归真的风格,所以各种木织帘成为目前最时尚的家居饰品。但木织帘在晚间使用时一般遮光性较差,还需在外面再加一层布艺窗帘,这些局限性决定了今后领导窗帘潮流的仍将是布艺帘。目前效果最好的窗饰还是布艺,只是在类型和材质上会不断地更新,使其功能性和装饰性更完美。

⑤ 电动窗帘。电动窗帘从安装上可分为内置式和外置式。内置式电动窗帘看不到电机,从表面上看只有轨道（原理和电动轨道汽车差不多,电机在轨道里面跑动）；外置式顾名思义电机裸露在外面,窗帘挂好之后可将其遮挡,如图 2-93 所示。

图 2-93　电动窗帘

根据操作机构和装饰效果的不同,电动窗帘分为电动开合帘系列、电动升降帘系列、电动天棚帘（户外电动天棚帘和室内电动天棚帘）、电动遮阳板及电动遮阳棚等系列,具体如百叶帘、卷帘、罗马帘、柔纱帘、风情帘、蜂巢帘等。

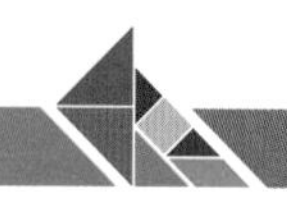

电动窗帘从形式上可分为电动开合帘、电动卷帘、电动百叶帘、户外遮阳棚、户外百叶帘、户外遮阳板、中空百叶帘、全遮光或半遮光引导轨卷帘。其中电动开合帘中的布帘系统包括轨道系统、控制系统和装饰布帘。轨道系统采用的驱动方式有直流电机驱动、交流电机驱动和电磁驱动等方式。

直流电机一般采用内置或外置电源变压器，安全性高，低能耗，运作时间长了电机也不发热。驱动功率一般较大，能负载的布帘可以达到 40 ~ 100kg；噪音比较小，特别是负载后比空转声音更小；另外，其控制电路比较简单，一般都是内置接收器，不需要单独外接接收器。交流电机驱动方式可直接使用 220V 电源，控制电路比较复杂，一般都需外接接收器，且不太安全；虽驱动功率较大，但电机容易发热而影响使用寿命。

第十节 装饰辅助材料

一、水泥

1. 基本概念

水泥属于粉状水硬性无机胶凝材料。加水搅拌后成浆体，能在空气中或者水中硬化，并能把沙、石等材料牢固地胶结在一起，如图 2-94 所示。早期石灰和火山灰的混合物与现代的石灰和火山灰水泥很相似，用它胶结碎石制成的混凝土，硬化后不但强度较高，而且还能抵抗淡水或含盐水的腐蚀。长期以来，它作为一种重要的胶凝材料，广泛应用于土木建筑、水利、国防等工程。

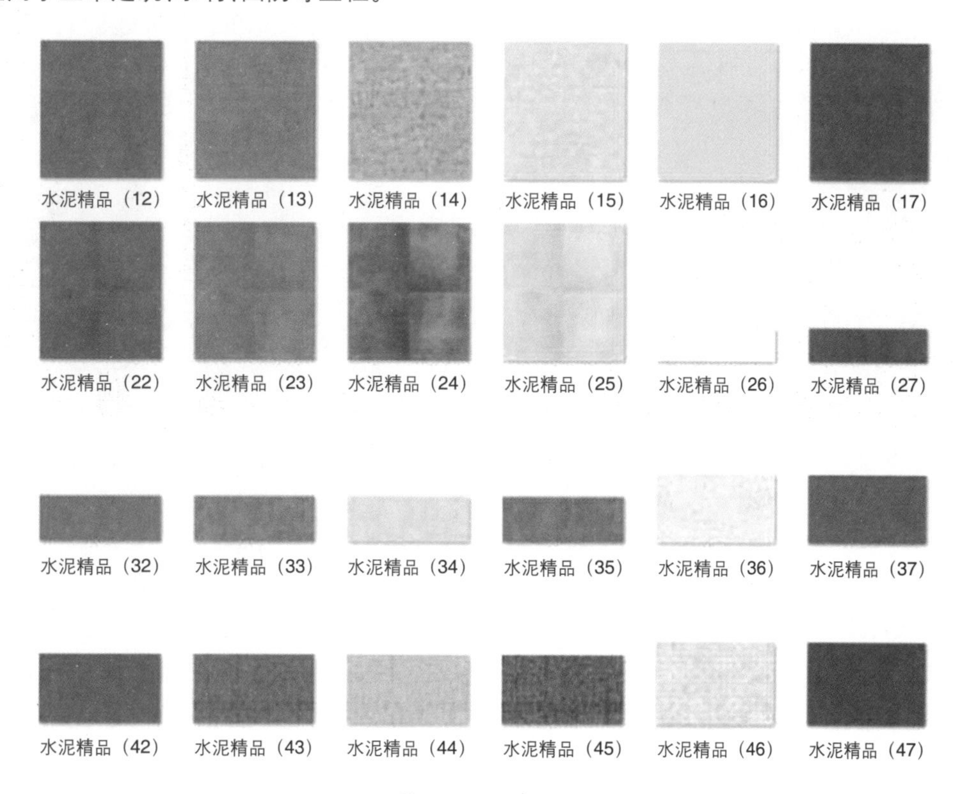

图 2-94 水泥

2. 分类

（1）通用水泥。一般土木建筑工程通常采用的是通用水泥。通用水泥主要是指硅酸盐水泥、普通硅酸盐

水泥、矿渣硅酸盐水泥、火山灰质硅酸盐水泥、粉煤灰硅酸盐水泥和复合硅酸盐水泥。

(2) 专用水泥。专门用途的水泥。如道路硅酸盐水泥。

(3) 特性水泥。这是指某种性能比较突出的水泥。如快硬硅酸盐水泥、低热矿渣硅酸盐水泥、膨胀硫铝酸盐水泥、磷铝酸盐水泥和磷酸盐水泥。

3. 常见水泥类型的细分

(1) 硅酸盐水泥。这是由硅酸盐水泥熟料、5% 以下石灰石或粒化高炉矿渣与适量石膏一起磨细后制成的水硬性胶凝材料,即国外通称的波特兰水泥。

(2) 普通硅酸盐水泥。这是由硅酸盐水泥熟料、6% ~ 20% 混合材料和适量石膏磨细后制成的水硬性胶凝材料,即常见的普通水泥(见图 2-95)。

图 2-95　普通硅酸盐水泥

(3) 矿渣硅酸盐水泥。这是由硅酸盐水泥熟料、20% ~ 70% 粒化高炉矿渣和适量石膏磨细后制成的水硬性胶凝材料。

(4) 火山灰质硅酸盐水泥。这是由硅酸盐水泥熟料、20% ~ 40% 火山灰质混合材料和适量石膏磨细后制成的水硬性胶凝材料,如图 2-96 所示。

(5) 粉煤灰硅酸盐水泥。这是由硅酸盐水泥熟料、20% ~ 40% 粉煤灰和适量石膏磨细后制成的水硬性胶凝材料,如图 2-97 所示。

图 2-96　火山灰质硅酸盐水泥

图 2-97　粉煤灰硅酸盐水泥

(6) 中热硅酸盐水泥。这是由适量的硅酸盐水泥熟料加入适量石膏磨细后制成的具有中等水化热的水硬性胶凝材料。

(7) 低热矿渣硅酸盐水泥。这是由适量的硅酸盐水泥熟料加入适量石膏磨细后制成的具有低水化热的水硬性胶凝材料。

二、胶结材料

胶结材料又称胶凝材料,它在物理、化学作用下,能使浆体变成坚固的石状体,并能胶结其他物料,制成有一定机械强度的复合固体的物质。土木工程材料中,凡是经过一系列物理、化学变化能将散粒状或块状材料粘结成整体的材料，统称为胶凝材料。

胶结材料的发展有着悠久的历史，人们使用最早的胶结材料是黏土，用来抹砌简易的建筑物。后期出现的水泥等建筑材料都与胶结材料有着很大的关系。

石灰是一种以氧化钙为主要成分的气硬性无机胶结材料。石灰是用石灰石、白云石、白垩、贝壳等碳酸钙含量高的原料，经 900 ～ 1100℃煅烧而成。石灰是人类最早应用的胶结材料。石灰在土木工程中应用范围很广，在我国还可有医药用途。石灰胶凝的原理是石灰粒子形成氢氧化钙胶体结构，其表面吸附一层较厚的水膜。

气硬性胶凝材料只能在空气中硬化，也只能在空气中保持或继续发展其强度。水硬性胶凝材料不仅能够在空气中，而且能更好地在水中硬化，保持并发展其强度。建筑上常用的气硬性胶凝材料有石灰、石膏、水玻璃，常用的水硬性胶凝材料是各种水泥。

水泥中通常会加入减水剂。减水剂通常是一种表面活性剂，属阴离子型表面活性剂。它吸附于水泥颗粒表面，使颗粒显示电性能，颗粒间由于带相同电荷而相互排斥，使水泥颗粒被分散并释放颗粒间多余的水分，从而产生减水作用。另外，由于加入减水剂后，水泥颗粒表面形成吸附膜，影响水泥的水化速度，使水泥石晶体的生长更为完善，减少水分蒸发的毛细空隙，网状结构更为致密，提高了水泥沙浆的硬度和结构致密性。一般数分钟内凝结，粘结石膏制品时已初凝，此时粘结性能差，所以易脱落。应防止提前加入缓凝剂，延长凝结时间，或即配即用，同时最好将粘贴表面刮粗糙，以利于粘贴，如图 2-98 所示。

图 2-98　胶结材料

三、固结材料

目前我国除上海等少数地区粉煤灰利用率较高外，绝大多数地区的粉煤灰利用率还不到 30%，从发展新材料和环境保护的角度出发，急需研究开发新的粉煤灰应用领域。为了鼓励粉煤灰的综合利用，国家出台了一系列优惠政策，鼓励引导支持粉煤灰综合利用的开发研究和应用，高掺量粉煤灰建筑材料是国家粉煤灰综合利用重点研究课题之一。由于粉煤灰含碳量以及呈细粉状等原因，现在的粉煤灰掺量一般都小于 30%。利用粉煤灰生产各类粉煤灰建筑材料的技术并成功应用于实际生产中，用粉煤灰固化剂与原状粉煤灰直接混合，经过半干法挤压成型。在常温常压条件下养护形成高掺量粉煤灰建筑材料，并且可以采用不同的设备成型方式制成各种类别的建筑材料，如粉煤灰、砌块和隔墙板。应用该技术可将大量的工业固体废料——粉煤灰制成有用的新型建筑材料，如图 2-99 所示。

粉煤灰又称飞灰，是一种颗粒非常细以至于能在空气中流动并能被特殊设备收集的粉状物质。我们通常所指的粉煤灰是指燃煤电厂中磨细煤粉在锅炉中燃烧后从烟道排出、被收尘器收集的物质。简单地说，粉煤灰呈灰褐色，通常呈酸性，为球状颗粒，有些时候还含有比例比较高的钙。

粉煤灰是排放量最大的一种工业废料，在所有燃煤副产品中占有很大的比例，并且随着世界各国对环境要求的提高、收集技术的发展和大量低级煤的使用，粉煤灰的排放量增长速度非常快。粉煤灰绝大多数颗粒形状为球形，在很高温度下，粉煤灰颗粒将发生一系列的物理、化学变化。

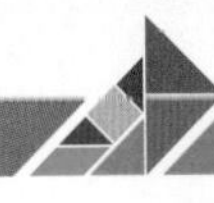

图 2-99 固结材料

煤主要是由碳、氢、氧、氮和硫组成的，比较典型的煤中，碳占 80% ～ 90%，氢占 4% ～ 5%，氧占 5% ～ 10%，氮占 1.5% ～ 2%，以及 1% 左右的有机硫，这些物质充分燃烧将全部变为气体。但实际煤中还含有其他微量元素，特别是很多煤中还含有比较多的矿物或在开采过程中混有的其他矿物，这些物质将构成粉煤灰的主要来源。

思考练习题

1. 简述天然石材与人造石材的区别。
2. 人造文化石的优点是什么?
3. 试阐述通体砖的特性及种类。
4. 木质装饰人造板材的种类及使用特性是什么?
5. 防火板的特点有哪些?

第三章
装饰施工工艺

第一节 水路工程施工工艺

一、暖气分类

暖气根据所用材料可分为铜制暖气、钢制暖气、铸铁暖气（见图 3-1）等。目前北方常用的是铸铁暖气，它的优点是热循环快，采暖效果好；缺点是占用空间，美观性差。其表面可涂烤漆或氟碳漆来增加美观性。

图 3-1 铸铁暖气

暖气根据外观可分为装饰暖气、普通暖气。目前市场上装饰暖气的可选性很大，它的优点是色彩鲜艳，装饰性好，节约空间；缺点是热循环弱，采暖效果一般。

暖气根据安装循环系统可分为大循环、小循环。大循环的优点是热循环快，采暖效果好；缺点是占用空间，美观性差。小循环的优点是散热面积大，采暖效果较好，但采暖效果与大循环相比稍弱；缺点是循环末端易冷热不均，占用空间，美观性差。

二、地热采暖工程

1．采暖方式的分析

相对于传统的采暖方式而言，一种新型的采暖方式——地热采暖正逐步被人们采用。根据人机工程学对人体感到舒适时的室内温度的分析，地热采暖是最符合人体舒适感的采暖方式。以传统的暖气对流散热、空调散热与地热辐射的室温比较而言，地热辐射供暖也是最容易为人体接收的方式，如图 3-2 和图 3-3 所示。

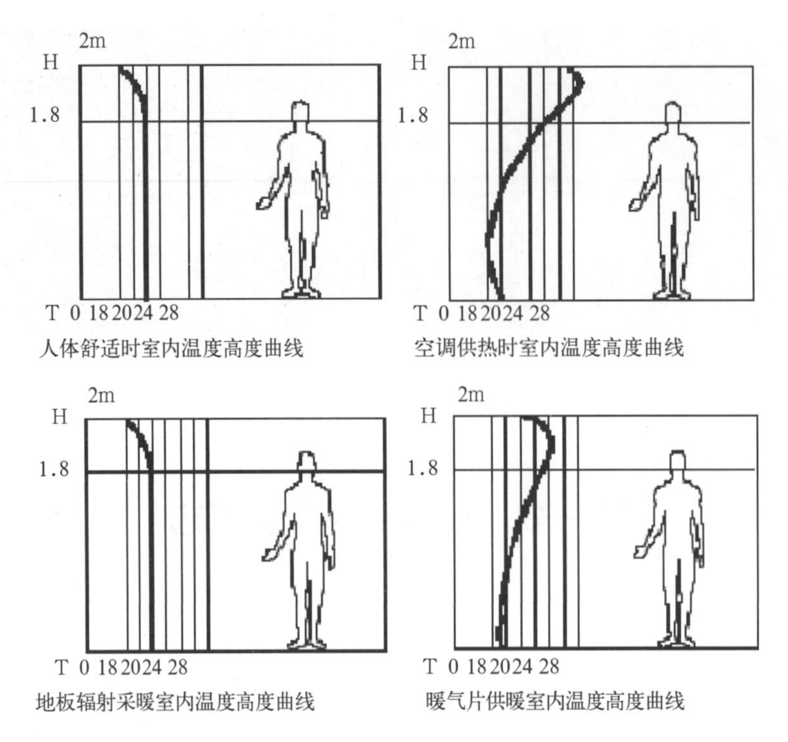

图 3-2　人体感到舒适时的室内温度表

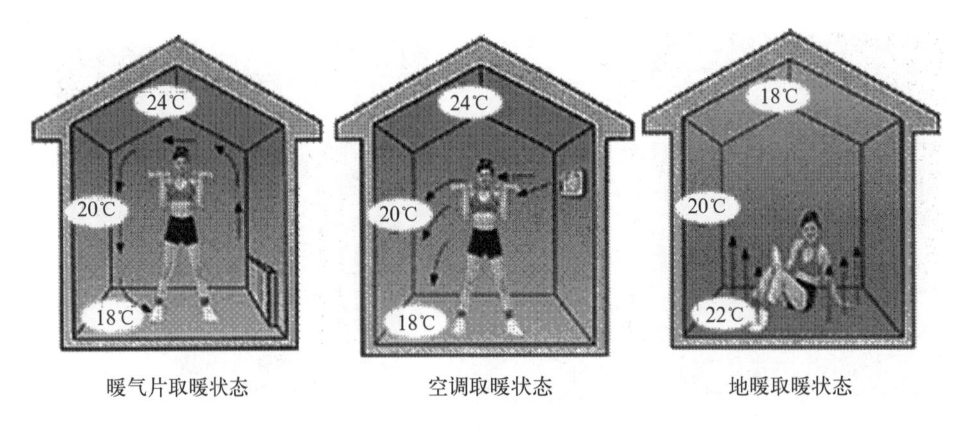

图 3-3　传统暖气对流散热、空调散热与地热辐射的比较

地热采暖由于有辐射温度和对流温度的双重效应，因而形成了真正符合人体舒适要求的热环境。地面温度高于呼吸线空气度，它提供的热量在人的脚部较强，头部感觉温和，这正符合人体足部血液循环最差、头部温度较高的特点，给人以脚暖头凉的舒适感，即体态舒适度高。在特定条件下，与对流散热器采暖比，地热采暖的室内相对湿度高，不显得过于干燥，易根据不同的舒适要求对个别居室、区间进行室温调节。

2．地热工程的主要材料

（1）地面绝热材料：地热棉（皮棉）、苯板、挤塑板。

（2）辅助材料：反射膜（锡箔纸）、钢网、卡子。

（3）主杠部分：分水器、对丝、阀门、过滤器、一寸 PPR 管、一寸弯头、一寸直接、一寸三通。

（4）地热管：PEX（热传导系数为 0.24）、PERT（热传导系数为 0.42，能热熔）。

（5）回填部分：河石、水泥沙浆。

3. 工艺标准

（1）盘管时各个回路尽量要等长、等宽、等压、等间距。

（2）地热管无接头。

（3）打压测试，压力为 0.6MPa。稳压 20 分钟后，观察压力值，压力降幅不应大于 0.05MPa。不得以气压试验代替水压试验。

（4）装饰层上部与分水器连接的地热管上面要加柔性套管。

（5）地苯板、挤塑板密度为 18 ~ 20kg/m^3，厚度为 20mm。阻燃等级达到防火 B 级。

（6）房屋首层地面一般采用苯板和挤塑板，绝热层上方严禁铺设其他管路及线路，苯板或挤塑板之间相互接合应严密。

（7）地热管应保持平直，施工时应防止管道扭曲。管道弯曲部分应增加管卡固定，不得出现“死折”，弯曲半径不得小于管材直径的 6 倍。

4. 工艺流程

下面以隔热保温材料选用挤塑板为例，说明进行地热铺装的步骤。

（1）铺设挤塑板。要求挤塑板接合严密，地面基本平整，挤塑板规格的长 × 宽 × 厚为 600mm × 1200mm × 20mm，如图 3-4 所示。

图 3-4 铺设挤塑板

（2）铺设反射膜。为了能使热量更好地向上辐射，要铺设反射薄膜。

（3）盘地热管并固定。在地热盘管时要注意遵循控制等距、等宽、等压的原则，如图 3-5 所示。

（4）固定分水器，进行打压测试。不能以气压试验代替水压试验。装饰层上部与分水器连接的地热管上要加柔性套管，如图 3-6 和图 3-7 所示。

图 3-5 固定地热管

图 3-6 打压测试

（5）回填河石，抹平水泥地面。河石回填高度与铺设的地热管平齐，总厚度为 50 ~ 70mm。如地面装饰层为地砖，则只需用水泥固定，无须抹灰处理，如图 3-8 和图 3-9 所示。水暖地热铺装结构如图 3-10 所示。

注意： 施工时要注意控制不同地面装饰材料交界处的高度差。

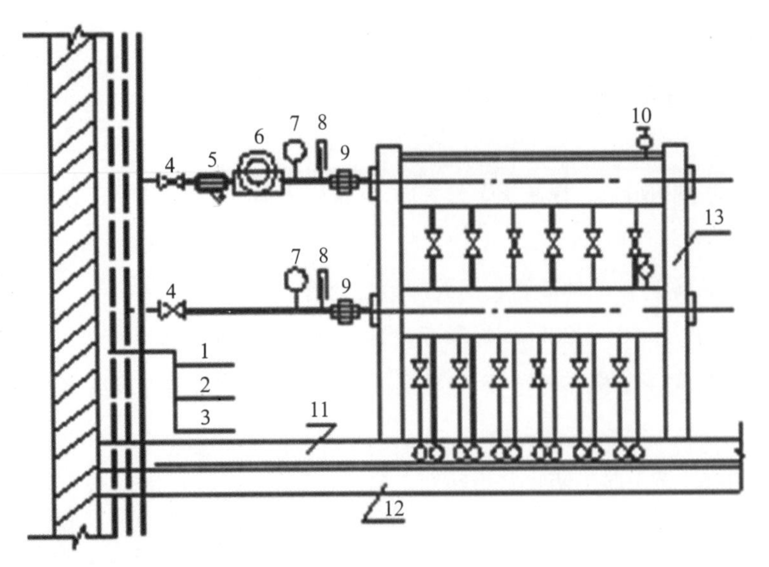

图 3-7　分水器外形及安装图

1—回水总管；2—回水管；3—送水管；4—铜质球阀；5—Y 形过滤器；6—计量表（热表）；7—压力表；8—温度计；9—活接头；10—排气阀门；11—地热层；12—结构层；13—分水器

图 3-8　铺设河石

图 3-9　抹平水泥地面

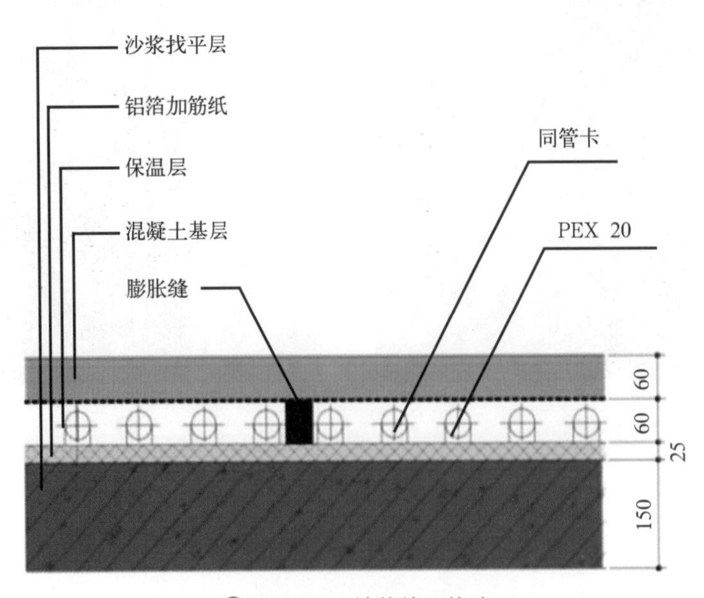

图 3-10　地热施工构造

5．材料选购时的注意事项

（1）地热管要求管壁均匀,折曲后能自动回弹。

（2）地热棉建议选择不透光材质,用手揉搓其表面不易掉色为质量好的产品。

（3）苯板要选择密度高的型号。

6．绘制家庭居室地热铺装系统图

（1）地热管线布置图示例（1）（见图 3-11）。

（2）地热管线布置图示例（2）（见图 3-12）。

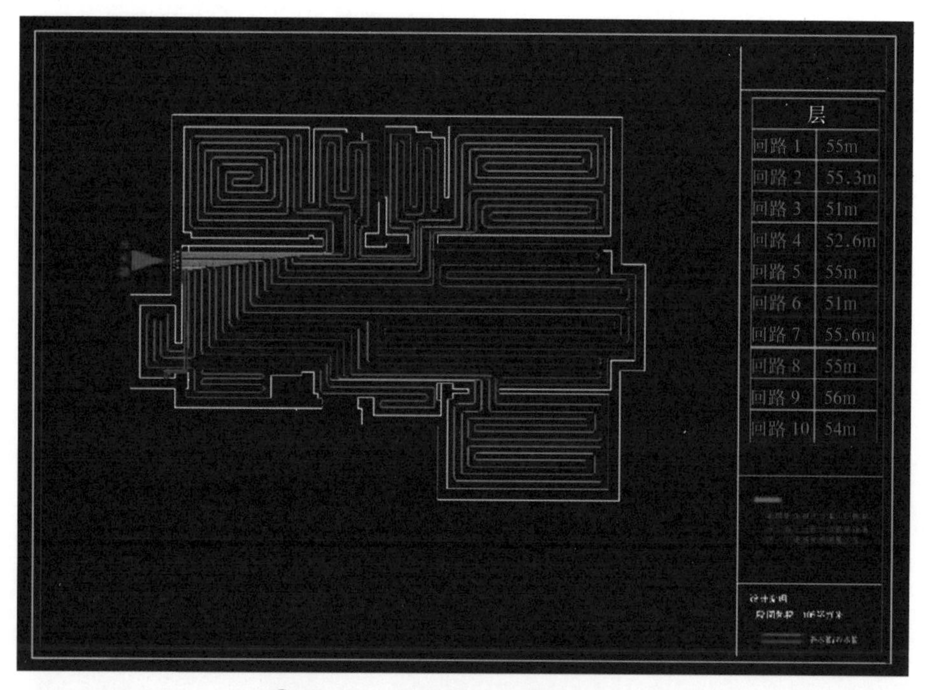

图 3-11　地热管线布置图示例（1）

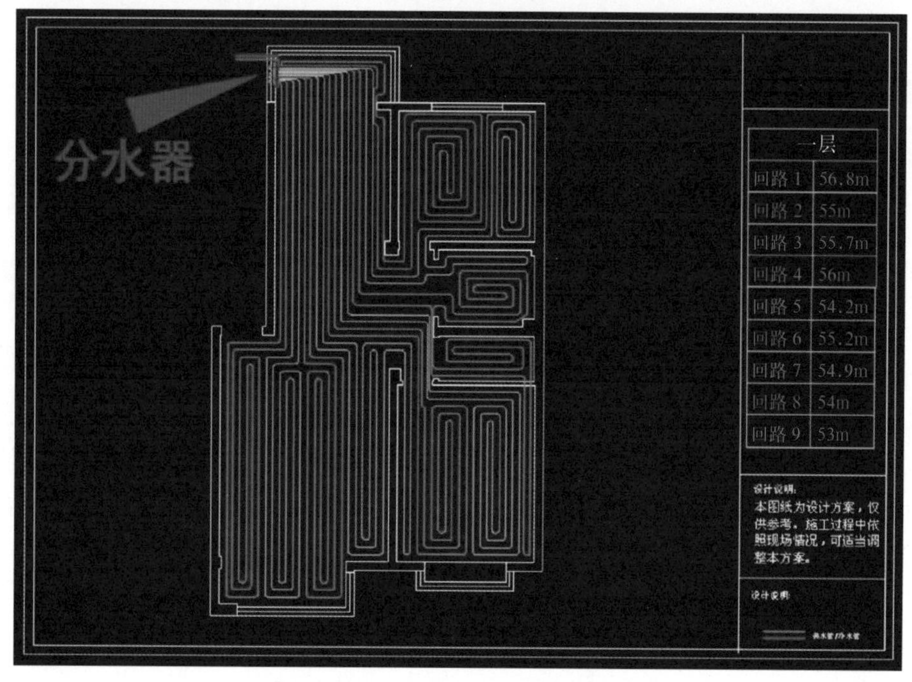

图 3-12　地热管线布置图示例（2）

盘管过程中注意以下事项。

① 盘管时每一条回路的第一圈距离墙体或其他管线约200mm。盘其余地热管时，每圈间距为400mm左右为宜。

② 盘管到最后一条回路时，如管线路数为偶数时，正常顺次盘管；如遇到奇数，减一根或加一根后再往回盘。

(3) 配管系统图。

在整栋住宅楼中地热管线的配置如图3-13所示。

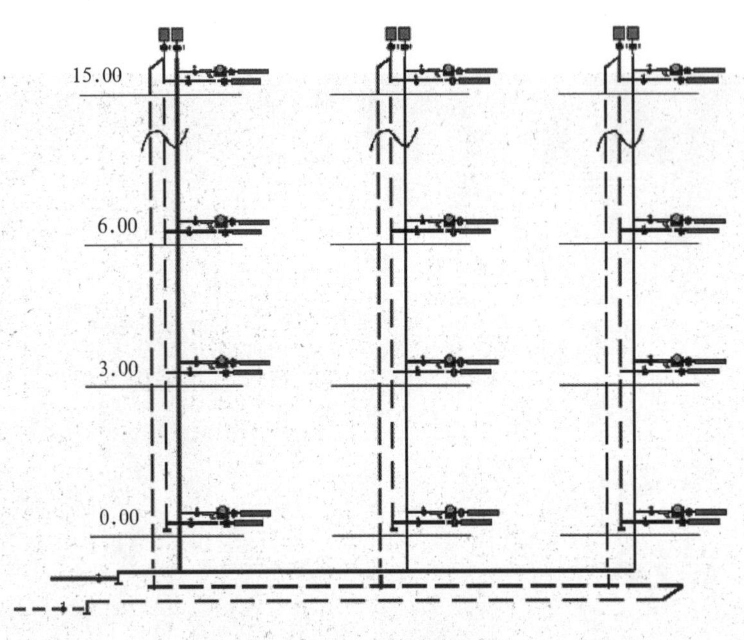

图3-13 配管系统图

注意：

① 采暖系统可采用同程式，即系统布置成水平和垂直均同程式。采用双管系统可实现采暖按户分环、分室分控的目的。

② 地热采暖和暖气采暖不能同时使用。原因如下：

第一，暖气水循环快，地热供暖方式水量太大，会影响其供暖效果。

第二，暖气有大量水锈，容易堵塞地热管线。如果必须同时使用时，需要从主杠进行分流，并且先走地热管线再走暖气。

③ 阁楼铺装地热时，要求阁楼进水要与外路主杠连接，如果不能连接，解决阁楼不热问题就要关闭楼下分水器20%～50%进水流量，从而使其楼上水压加大。

三、电热膜地热采暖工程及发热电缆地面辐射供暖

电热膜地热采暖是近几年新兴的室内采暖模式，是以电力为能源，以电热膜为发热体，通过采暖房间的地面（或墙面、顶面）以红外线低温热辐射的形式把热量送入房间的供暖方式，这种供暖方式适合用于复合地板和地热专用地板。

（一）电热膜

电热膜是一种由可导电的特制油墨、金属载流条经印刷、热压在两层聚酯薄膜间制成的一种特殊的加热元件，如图 3-14 所示。

图 3-14 电热膜

（二）电热膜地热采暖的施工

1. 施工前的准备

电热膜安装应具备的现场条件是：建筑物顶棚及室内装修完毕，地面已找平，墙面及地面没有杂物，特别是表面的铁钉等金属物已清除；电热膜电源配电箱及各分支回路管线工程结束，温控器暗盒已经安装好，材料及施工机具等已准备就绪，能够保证正常施工。

（1）龙骨。电热膜地热采暖系统设计中使用普通的木制或金属制的地板龙骨，龙骨表面的宽度不能大于 50mm，龙骨之间的中心间距为 300mm、400mm 或 600mm。

（2）地板层。地板层可以是任何保温系数小于 R-11/RSI-2 的材料，基本包括所有的地板材料，如瓷砖、硬木、地毯和后来安装在地板表面的其他材料。安装时请向地板材料制造商咨询相关地板材料的保温系数和规格。

（3）表面装饰材料。任何形式的表面装饰材料都可以使用，但下层地板和表面装饰材料的总的保温系数值不能超过 R-11。

（4）电热膜铺设时必须满足电热膜与墙面的最小距离要求，铺设时保证电热膜平整，严禁刺破电热膜。

（5）将各组电热膜按照电热膜供暖工程施工规范接线安装，接线应用连接卡及电热膜专用绝缘罩，连接导线必须套好蜡管保护。

（6）将各组电热膜连接导线引至地上线槽内，进行通电测试检验（表面会发热）。

（7）给控制装置安装一个电气接线盒，控制装置为温控器。电气盒应安装在墙里面，以确保测温准确。

（8）开始安装前，把每个房间要安装的电热膜提前准备出来，电热膜只能沿剪切线进行切割，每组电热膜的一个末端固定上连接卡，另一端的载流条上做绝缘（每组电热膜总功率不能超过 720W）。

2. 固定电热膜组

（1）将一侧的龙骨上的电热膜组对齐。

（2）将电热膜组钉在适当的位置上，接线的连接卡一端与墙或电器之间至少留 150mm 空隙，钉的位置要尽量接近电热膜折线处，距龙骨顶面 30mm；钉距为 300mm。

注意：电热膜上面要留 30mm 的空隙，以使暖地板系统运行良好。

（3）折起电热膜另一端，使之撑起两个龙骨，并将其钉住。

（4）重复上述步骤，然后连接各电热膜组。

（5）温控器连接要严格按照温控器说明书进行安装。

（6）地面装饰材料安装完毕，应进行电热供暖工程工作测试，做好记录，并绘制电热膜隐蔽图。

3. 检验

（1）进行每个房间电热膜直流电阻的测试，做好记录。

(2) 如出现阻值过高或开路，应检查连接卡的压接处，并将有问题的连接卡更换。如出现短路，应检查所有接线，并进行处理。

(3) 用非接触测温仪测试电热膜供暖系统是否正常工作，并检查室温是否达到基本设计值。当地面达到稳定温度时，布膜区内任何局部区域或一点的最高温度都不应超过最高允许的 45 摄氏度，并注意做好记录。

电热膜地暖工程施工的结构如图 3-15 所示。

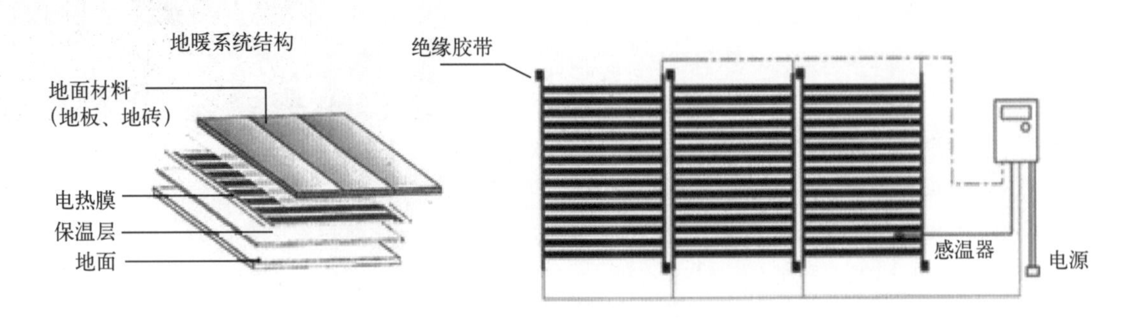

图 3-15　电热膜地暖工程施工结构

（三）发热电缆地面辐射供暖系统的工作原理及组成

1. 发热电缆低温辐射供暖系统的组成

发热电缆及其低温辐射供暖系统的组成如图 3-16 和图 3-17 所示。

(1) 主控材料：发热电缆、温控器、感温探头、冷引线。

(2) 隔热保温材料：挤塑板、苯板、真空聚酯镀铝膜。

(3) 辅助材料：钢丝网 (镀锌铁丝网)、固定带 (绑扎带)、其他辅料。

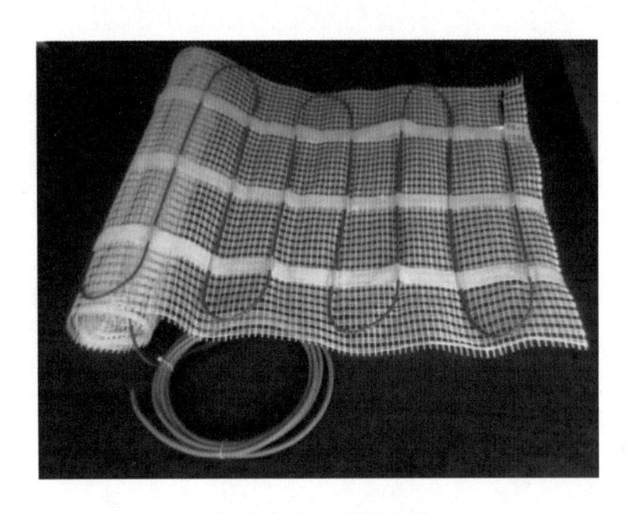

图 3-16　发热电缆

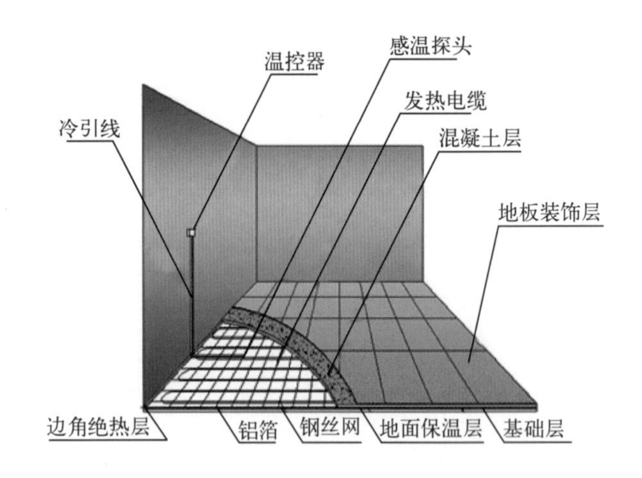

图 3-17　发热电缆低温辐射供暖系统组成

2. 发热电缆地面辐射供暖系统的工作原理

发热电缆通电后，工作温度为 40 ～ 60℃，通过地面（或墙面、顶面）作为散热面，除少部分热量用于对流换热及加热周围空气以外，大部分热量以辐射方式向四周的围护结构、物体、人体传递。围护结构、物体和人体吸收了辐射热后，其表面的温度升高，从而达到提高并保持室温的目的。发热电缆低温辐射供暖系统的辐射换热量约占总换热量的 60% 以上。通过铺设于地板上的地温探头或温控器内的室温探头，由房间温控器控制温度。当室内温度达到设定值后，温控器开始工作，断开发热电缆的电源，发热电缆停止加热；当室内温度低于温控器设定值时，温控器又开始启动，并接通发热电缆的电源，发热电缆开始加热。这种操作会往复进行。

3．发热电缆低温辐射供暖系统的施工

（1）材料进场验收、入库。

（2）逐层清理地面，使其平整、平净。

（3）封闭现场后，铺设保温材料及聚酯真空镀铝膜。

（4）钢丝网铺设。

（5）加热电缆的铺设。

（6）温控器的安装。

注意：

（1）在以上各道工序中，一定要注意成品保护，坚决避免下一步工序对上一步工序的破坏，针对本工程的特点，可以考虑将温控器的安装放在工程完毕进行，以保证系统的安全，避免损坏。

（2）在建筑物地面结构层上，首先铺设高效保温材料及聚酯真空镀铝膜，起到单向保温和隔热的作用。若在卫生间的地面层，最好先做防水或防潮层。

（3）在保温材料上铺设焊接钢丝网，然后将发热电缆按设计要求的间距固定在钢丝网上，再填充河石混凝土，经捣实养护达到强度后，再做地面面层，如图 3-18 所示。

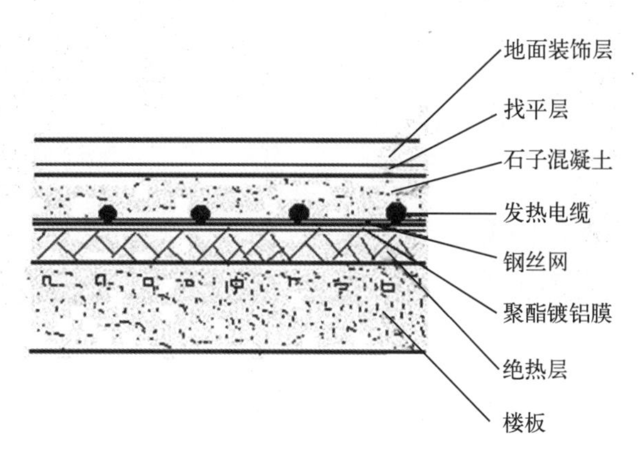

图 3-18　发热电缆铺装结构

（4）面层采用花岗岩、瓷砖等，但必须遵守《发热电缆地板采暖系统用户使用手册》，以免破坏采暖系统。

4．发热电缆低温辐射供暖系统的主要优点

（1）实现绿色环保采暖。

（2）节约能源。

（3）节约水源。

（4）节约土地。

（5）充分利用电力资源。

（6）建设及安装成本低于其他供暖系统。

（7）施工周期缩短。

（8）采暖舒适度高。

（9）维护费用低。

（10）安全寿命长。

（11）解决了物业收费难的问题。

（12）使用操作简单。

（13）运行费用低。

四、上、下水工程

1. 上水主要材料

上水材料主要有：4 分 PPR 管，4 分内牙弯头，4 分 90° 弯头，4 分直接，4 分过桥弯头，4 分 45° 弯头，4 分内、外牙弯头，4 分外直，4 分内牙三通（注：水管外径为 20mm 的是 4 分管，外径 25mm 的是 6 分管）。图 3-19 和图 3-20 所示是部分上水管件。

图 3-19　上水管件实物

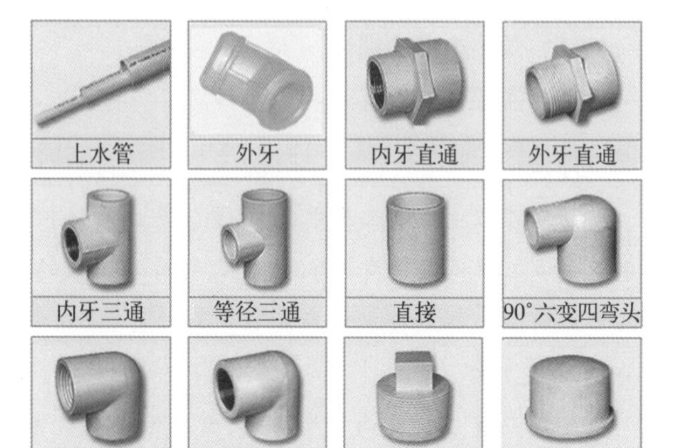

图 3-20　上水管件图片

2. 下水主要材料

下水材料主要有：50mm 管，75mm 管，110mm 管，50mm、75mm、110mm 的弯头，直接，45° 弯头，90° 弯头，三通，缩口弯头，水管之间变径管件。图 3-21 和图 3-22 所示是部分下水管件。

图 3-21　下水管件实物

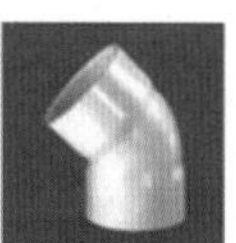

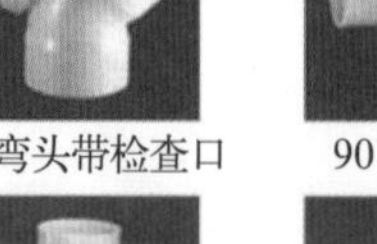

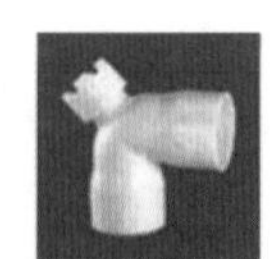

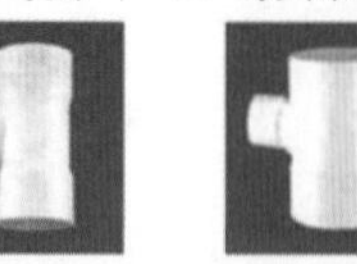
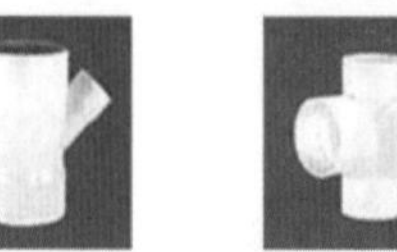
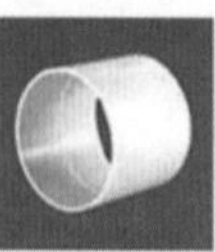

图 3-22　下水管件图片

3. 工艺要求

（1）所有给排水及暖通工程用的管材都必须使用正规厂家生产的合格产品，严禁使用伪劣产品。

（2）给水管道的安装必须牢固、严密。做通水实验时不得有漏水点，对于穿墙铺设的管线必须做过墙套管。管线的固定必须符合设计要求，管卡和托架的固定必须牢固可靠。

(3) 给水管道的铺设必须符合设计要求的位置。管道铺设的坡度及管道固定的支座必须符合国家排水管安装的标准，平铺的排水管坡度不应小于 1% ~ 3%。需埋设的排水管道，埋装前必须进行灌水试验，无漏水点后方可埋设，并合理留好检修孔。

(4) 所有卫生洁具的安装，必须按设计图纸规定的位置安装，洁具安装的水平误差不允许大于 2mm，位置偏差不允许大于 10mm，且要求洁具配套安装龙头。阀门等配套件连接要严密，安装要正规，无滴水、漏水现象。

(5) 所有螺纹连接的管线必须用白铅油涂抹，并用生麻缠绕密封，特别是采暖系统管线及供水系统采用塑铝管连接处，管件的安装必须密封可靠，无漏水现象。

五、地源热泵

1. 工作原理

地源热泵也叫地能中央空调，是利用地能四季恒温的特点进行冷热能源的转换。地源热泵原理介绍如下。

冬天制热时，热源水被输送至机组蒸发器，降热源水中所含的热量传递给蒸发器另一侧的制冷剂。制冷剂在蒸发器中吸收热源水的热量，使水由液态变气态，进入压缩机压缩成高温、高压的气体后进入冷凝器，在冷凝器中由气态变成液态，将热量释放给冷凝器另一侧的空调水。空调水在冷凝器中吸收制冷剂释放的热量，温度升高后被输送到房间，通过空调末端系统释放热量进行供暖。

夏季制冷时，空调水吸收房间的热量后被输送至机组蒸发器，将此热量传递给蒸发器另一侧的制冷剂。制冷剂在蒸发器中吸收空调水的热量，水由液态变成气态，进入压缩机并被压缩成高温、高压的气体后进入冷凝器，在冷凝器中由气态变为液态，将热量释放给冷凝器另一侧的热源水，热源水进入冷凝器中带走制冷剂释放的热量。

(1) 供热：把地下热能转化成热源。

(2) 制冷：把室内热量取出，释放土壤，经过循环转化成冷源，如图 3-23 和图 3-24 所示。

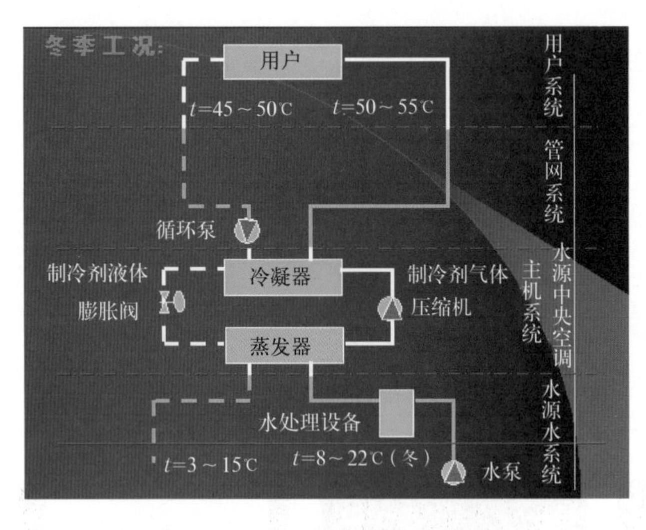

图 3-23 地源热泵供暖示意图

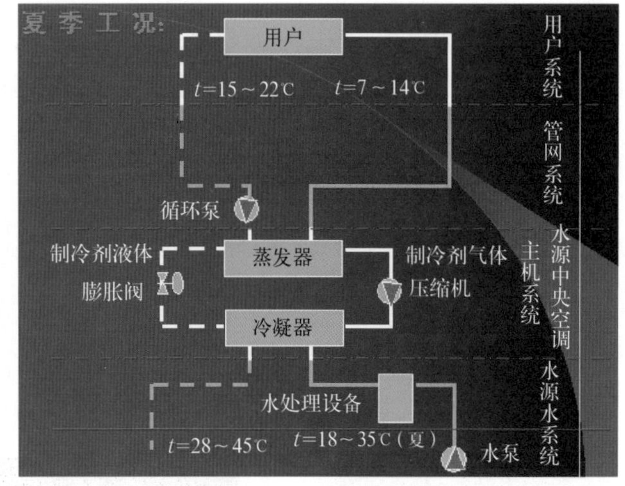

图 3-24 地源热泵制冷示意图

2. 地源热泵空调系统的主要组成部分

(1) 地源换热系统：
- 25 ~ 110mm 的 PE 管
- 水泵

（2）热泵机组：{ 水和水型机组，可安装在专门机房
水和空气型机组，分卧式和立式，要装在屋顶

（3）末端系统：风机盘管

3．工艺标准

（1）管道采用进口高密聚乙烯 PE 管（25 ～ 110mm）。

（2）管道井关口为 10 ～ 15mm，深度为 50 ～ 100m。

（3）水平地下埋管，深度为 1 ～ 2m。

（4）湖泊埋管，要埋入湖底 1.3 ～ 2.0m 处。

4．地源热泵工作方式

（1）闭式循环：垂直埋入地下，水平埋入地下，池塘或湖泊埋入。

（2）开式循环：用竖井、湖泊。

5．优点

（1）节能。

（2）环保。

（3）具备制热、制冷、热水等多种功能。

第二节　电路工程施工工艺

在设计室内电路工程之前，设计师应在量尺寸时详细记录原始户型中电源线留口的位置，以便以后改造。最好了解入户电源的功率是多少，根据客户的不同用电需求考虑是否改造电路。

一、电路工程所需主要材料

下面是电路工程所需的主要材料。

BV 线和护套线：照明用 2.5 平方线，插座用 4 平方线，空调用 6 平方线；3 分 PVC 管；4 分 PVC 管和金属管；4 分塑料螺纹管，如图 3-1 所示；金属螺纹管；普利卡管；白蜡管；压线槽；防水胶布；普通绝缘胶布；有线；网线（8 芯）；电话线（4 芯）；空气开关；普通开关插座，如图 3-25 和图 3-26 所示。

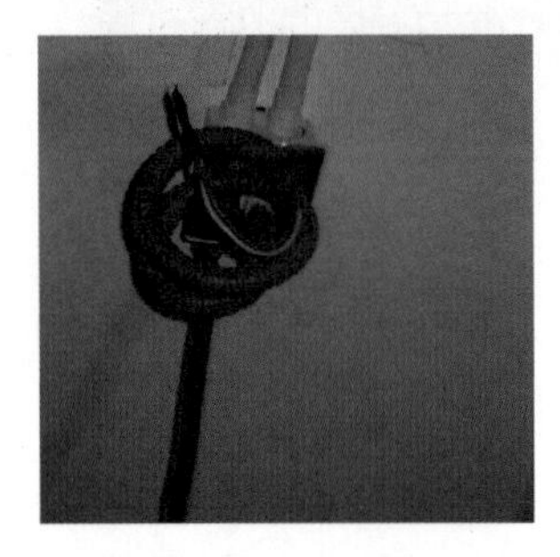

图 3-25　塑料螺纹管

图 3-26　插座、网线口、电源开关

二、电路布置的步骤

（一）明确设计图纸

（1）走廊、厨房、阳台主要包括电源线和照明线两条基本线路。

（2）客厅在此基础之上增加了空调线、电视线、电话线、计算机线、对讲器或门铃线。

（3）书房、卧室增加了电视线、电话线、计算机线、空调线。

（二）确定线路终端及开关面板的位置

按照设计图纸在墙面上画出电路管线走向及管件位置，如图 3-27 所示。

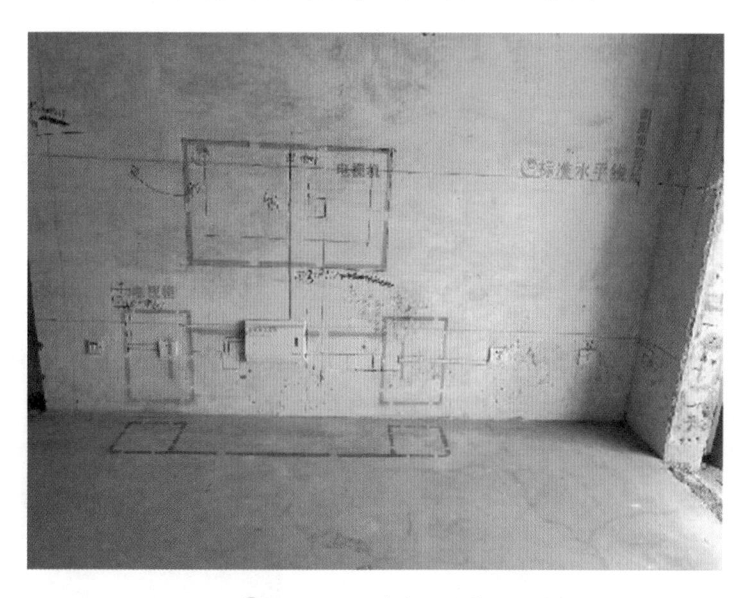

图 3-27　确定开关位置

（三）开槽和打孔

（1）开槽时要注意，尽量不要横向开槽，务必注意不要切断承重墙体的受力钢筋，防止墙体的受力结构受到损害，如图 3-28 所示。

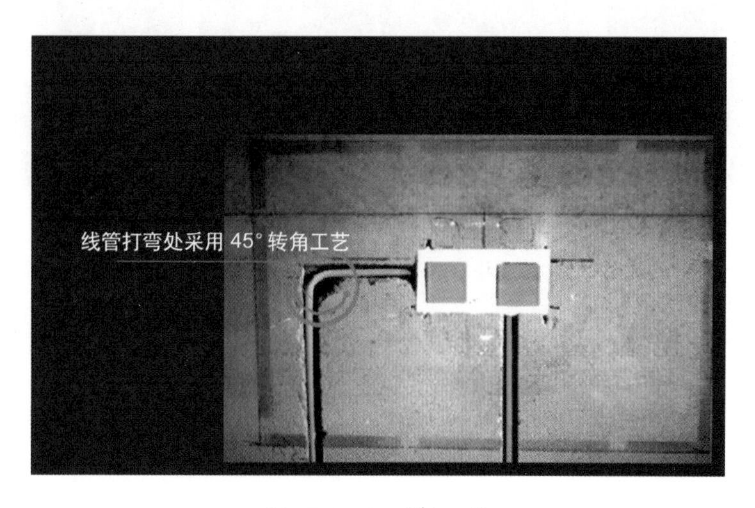

图 3-28　纵向开槽

（2）开槽时要边开槽边浇水，可除尘、降噪，如图 3-29 所示。

（3）打孔时孔深不易过大，以能够安进螺丝为准。开槽深度应一致，一般是 PVC 管直径 +10mm 即可。

图 3-29　墙体开槽

（四）架设穿线管

架设穿线管一般用金属镀锌管或者 PP-R 的阻燃管。以下情况时应增加接线盒。

（1）管长度超过 15m 且有两个弯曲，应增设接线盒，如图 3-30 所示。

（2）管长度超过 8m 且有三个弯曲，应增设接线盒，如图 3-31 所示。

（3）明列管要排列整齐，管卡间的最大距离应小于 1m，管卡与终端、弯头重点、电气器具边缘的距离应为 150 ～ 500mm。

（4）电视线、电话线网络线插座应与电源插座分属于强、弱电，要分开穿管，且距离应在 500mm 以上，如图 3-32 所示。

（5）并行时穿电线的管线与暖气、热水、煤气、天然气管线距离应不小于 300mm；交叉时，穿电线的管线与暖气、热水、煤气、天然气管线距离应不小于 100mm，如图 3-33 所示。这样做的目的是防止管线因受热而导致绝缘体老化，降低使用寿命，也防止因导线发热产生静电而对煤气线路的影响。

（6）照明主灯、灯筒灯等应分路铺设管道，并且使用空气开关分开控制，如图 3-34 所示。

图 3-30　接线盒接法（1）

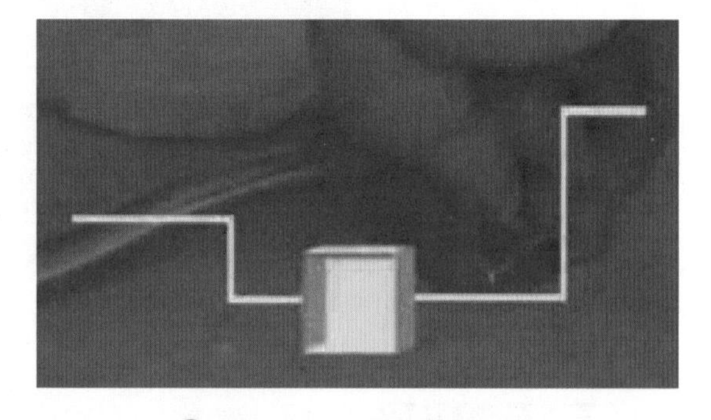

图 3-31　接线盒接法（2）

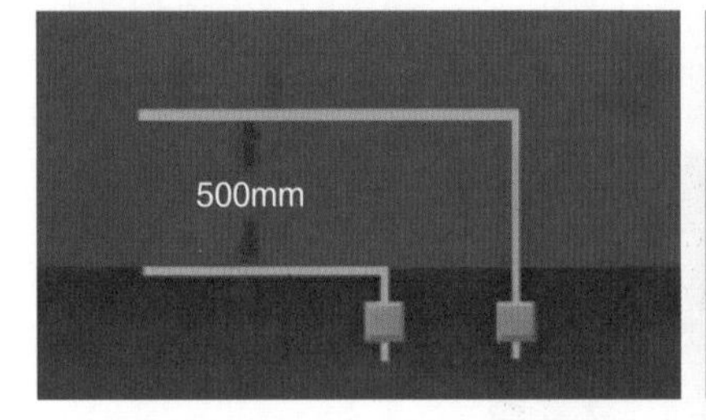

图 3-32　强、弱电分开穿管

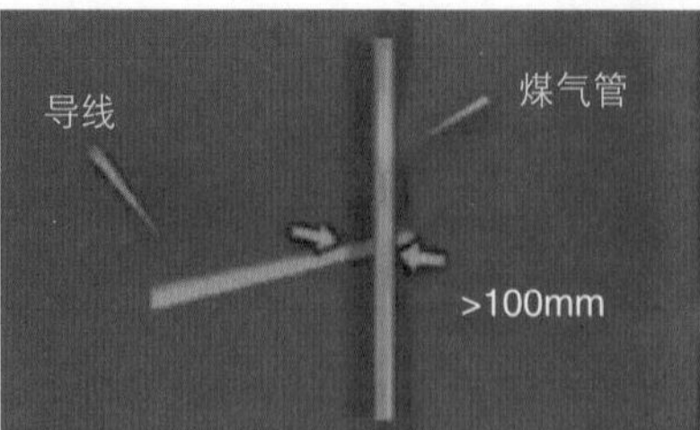

图 3-33　电线管线与煤气管线相对位置

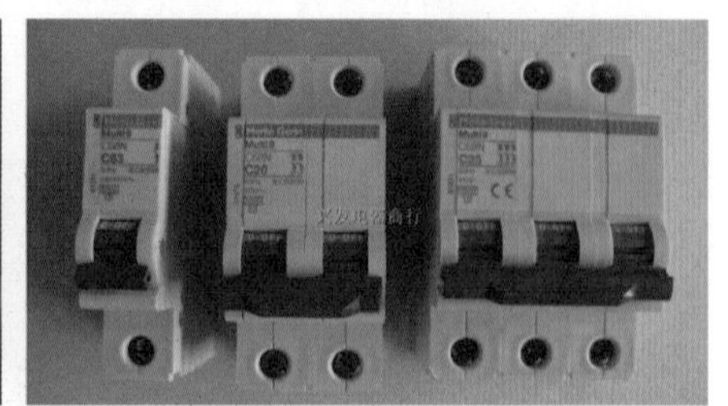

图 3-34　空气开关

（五）穿线

1. 电路工程 BV 线承载负荷

电路工程 BV 线承载负荷见表 3-1。

表 3-1　电路工程 BV 线承载负荷

BV 线径 /m²	电流 /A	承载负荷 /W
1.5	10 ~ 12	1200 ~ 2000
2.5	16 ~ 18	1500 ~ 3000
4	26 ~ 28	5000
6	26 ~ 28	7000
10	30 ~ 33	10000
16	33 ~ 35	15000
25	33 ~ 40	20000 ~ 22000
35	40 ~ 43	30000

电路工程涉及的内容如下。

（1）表示符号。I：电流，单位为安培 (A)；U：电压，单位为伏特（V）；R：电阻，单位为欧姆（Ω）；P：功率，单位为 W。公式：$I=U/R$；$P=UI$。

（2）单元配电箱配线常使用 $10m^2$ 的线，单相 220V。

（3）入户配电箱配线：①插座配线直径为 $4m^2$。②开关配线直径为 $2.5m^2$。

（4）单元载荷：15000W；门市房载荷为 380V 动力电（2 根火线，1 根零线，其中 1 根火线和 1 根零线可以分出 220V，并且分线要均衡）。

（5）配线时，相线与零线的颜色应不同；同一住宅相线（L）颜色应统一，零线（N）宜用蓝色，保护地线（PE）必须用黄绿双色线。

电线施工步骤如图 3-35 所示。

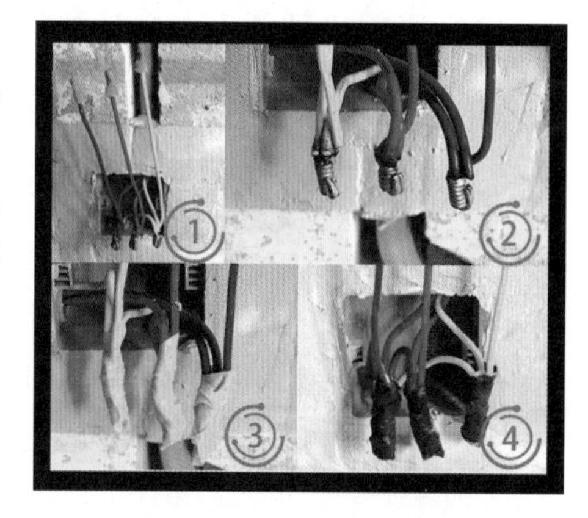

图 3-35　电线施工步骤

2．强弱电

电路工程中，人们习惯分为强电（电力）和弱电（信息）两部分，两者既有联系又有区别。

（1）一般来说强电的处理对象是能源（电力），其特点是电压高、电流大、功率大、频率低，主要考虑的问题是减少损耗、提高效率。

（2）弱电的处理对象主要是信息，即信息的传送和控制，其特点是电压低、电流小、功率小、频率高，主要考虑的是信息传送的效果问题，如信息传送的保真度、速度、广度、可靠性。

（3）一般来说，弱电工程包括电视工程、通信工程、消防工程、保安工程、影像工程等和为上述工程服务的综合布线工程。

（六）安装电源插座及开关

安装电源插座及开关应注意以下方面。

（1）安装电源插座时，面向插座的左侧应接零线（N），右侧应接相线（L），中间上方应接保护地线（PE）。单相两孔插座的接线，面对插座左接零线右接相线；单相四孔插座，正方为地线，插座接地单独敷设。

（2）通信系统使用的终端盒、接线盒与配电系统的开关、插座宜选同一系列产品。

（3）同一室内的电源、电话、电视等插座面板应在同一水平标高上，高差应小于 5mm。

（4）厨房、卫生间应安装防溅插座，开关宜安装在门外开启侧的墙体上。

三、电路布置常用数据

（1）开关高度一般为 1200 ~ 1500mm，距离门框门沿为 150 ~ 200mm。

（2）插座高度一般为 200 ~ 300mm，插座开关应在同一水平线，高度差小于 8mm，并列安装时高度差小于 1mm，并且不被推拉门及家具等物遮挡。

（3）音响线预埋到位，墙外部分的长度预留 1.5m；环绕线位置为沙发后背离地 2m 处，位置对称。

（4）地插座暗盒离地高度：插座下口离地 350mm，开关暗盒下口离地 1300mm，空调插座暗盒下口离地 1800mm。

（5）厨房插座暗盒下口离地 1000mm，厨房、卫生间使用防水插座。

（6）打出空调洞，并预留 53 ~ 55mm PVC 管，柜机离地 200mm，分体挂机离地 2000mm。

四、电路工程施工工艺及验收标准

（一）电路工程施工工艺注意细节及验收标准

（1）所有工程的电器所采用的配管和导线必须符合设计要求和国家规范。配电系统的单路布线，其线径要求不小于 2.5mm^2。对于特殊要求的电器插座，单路布线的线径不小于 4mm^2。

（2）对于埋入墙内或吊顶内的线管，必须采用阻燃 PVC 管敷设，线管的固定必须用管卡固定。BV 护套线不允许直接埋入墙内走线，所有接线盒的端头必须加塑料护口。

（3）导线在管内穿线，不允许扭绞、有接头，以及出现死弯和绝缘层损坏现象，更不允许穿敷有外漏现象。接线盒内的导线接头必须进行熔焊处理和绝缘处理。

（4）所有开关插座面板的安装符合规范要求。同一高度相邻的开关插座面板的安装高度差应控制在 ±1mm 内，面板要求垂直，水平上尺上线。

（5）配电箱内的开关插座内的压线必须压接牢固。对多股导线压接的线头，必须进行熔焊锡处理，凡有接线端子的头，必须在端子卡的接头处通过焊锡处理。

（6）所有照明灯具及配电箱盘的接装必须符合设计要求和规范，对大型灯具和较重电器设备的安装若无预埋吊挂件时，必须以 10mm 以上的膨胀栓固定进行安装，使其牢固。

（7）嵌入开花内的灯具，应固定在专设的框架上安装，连接灯具的导线应留有余量，电源线不应贴近灯具的外壳。吸顶灯罩的安装，其中线误差应控制在 ±3mm 以内。

（二）电路工程施工工艺注意要点

（1）电气布线必须横平竖直且有套管，墙内及地面布线应采用 PVC 套管，吊棚内布线可采用波纹管。铺设管线必须使用卡具，不许直接用钉子固定。

（2）电线在管内不应有接头和扭结，接头不许设在接线盒内，要搭接牢固，包缠紧密均匀，所有电路接头必须焊接。

（3）同一回路电线应穿入同一根管内（不超过 7 根），电线在管内应处于宽松的状态。电源线与通信线不能穿入同一根管内，电源线与电视线的布线间距不应小于 200mm。

（4）墙面走线刨沟必须采用切割锯均匀切割，并用水泥抹平。

（5）吊顶内不允许有明露导线。

（6）严禁将导线直接埋入抹灰层，无法自由穿线管的电线必须用防水胶布包缠结实。

（7）卫生间应选用防潮开关和安全型插座。

（8）各种电器面板安装要端正，紧贴墙壁，四周无空隙。同一房间内开关或插座上沿高度一致，其位置应符合设计要求；开关通断灵活。开关边缘距门框的距离宜为 13 ～ 20mm，开关距地面高度宜为 1300mm；且拉线出口应垂直向下，暗装的开关应采用专用盒。暗装插座距地面高度 300mm 为宜；在潮湿场所，应采用密封良好的防水防溅插座。插座位置（卫生间、厨房）：①浴房距地 2000mm 放中间；热水器离开主体物并放在一侧；镜前灯电线留头距地 1700mm；单开五孔插座距地 900mm；②厨房插座距地 900 ～ 1000mm；吸油烟机插座，欧式距地 2200mm，中间折返 300mm；中式距地 2000mm，中间折返 200mm。

（9）完工后应检查漏电开关的工作，检查各回路电气通电是否良好，灯具试亮，开关控制是否灵敏有效。

（10）临时照明要安装旧开关，禁止两线互搭，以免发生触电事故。

（11）在施工期间，所有开关、插座的明露线头必须用绝缘胶布包好，以免发生触电危险。

（12）大型用电电器应单独走线，以免影响其他用电设备。

（13）白天无须照明时不允许开照明设备，以便节约用电。

（14）照明线路超过 3000W 必须再走一个回路。

（15）展示照明空气开关必须用 2P，必须能控制零线。

（16）插座里零线、火线、地线位置一般为左零、右火、上地线。

五、居室用电电路系统图例

绘制家庭居室用电电路系统图例如图 3-36 ～图 3-39 所示。

序　号	名　称	图　例	安装高度 /mm	序　号	名　称	图　例	安装高度 /mm
01	圆形散流气			18	网线插座		350
02	方形散流气			19	开关		1400
03	剖面送风口			20	造型花式吊灯		
04	剖面回风口			21	射灯		
05	条型送风口			22	轨道射灯		
06	条型回风口			23	筒灯		
07	排气扇			24	吸顶灯		
08	烟感			25	花式吊灯		
09	喷淋			26	镜前灯		1900
10	扬声器			27	壁灯		1700
11	配电器			28	浴霸		
12	普通五孔插座		350	29	防水灯		
13	地面插座		0	30	单管格栅灯		
14	防水插座		1200	31	双管格栅灯		
15	空调插座		2400	32	三管格栅灯		
16	电话插座		350	33	日光灯		
17	电视插座		350	34	暗藏日光灯		

图 3-36　设备及电器图例（1）

图例	编号	说明	备注	图例	编号	说明	备注
(H)		红外入侵报警装置	安在天花板上	R		16A 天然气热水器专用五孔带开关插座	H=1600mm
(M)		紧急报警按钮	H=500mm	Y		抽油烟机专用三孔带开关插座	H=2150mm
(S)		预留音响插座	H= 上端 400mm	X		洗衣机专用三孔带开关插座	H=1200mm
电		强电箱	H=1600mm	T		加防溅罩五孔插座	H=1300mm
		五孔入墙插座	H= 上端 400mm	(C)		网线插口（宽带）	H= 上端 400mm
		五孔地面插座	H=0mm	(T)		电话插口	H= 上端 400mm
B		电冰箱专用三孔插座	H= 上端 400mm	(T)1		加防溅罩电话插口	H= 上端 870mm
G		16A 厨房家电专用五孔插座	H=1200mm	(T)2		厨房电话插口	H=1400mm
G1		16A 微波炉专用五孔插座	H=1800mm	(TV)		有线电视插口	H= 上端 400mm
K		16A 空调专用插座	H=2250mm	(W)		对讲电话插座	H=1400mm
K1	DQ–01	16A 空调专用插座	H= 上端 400mm				

图 3-37 设备及电器图例（2）

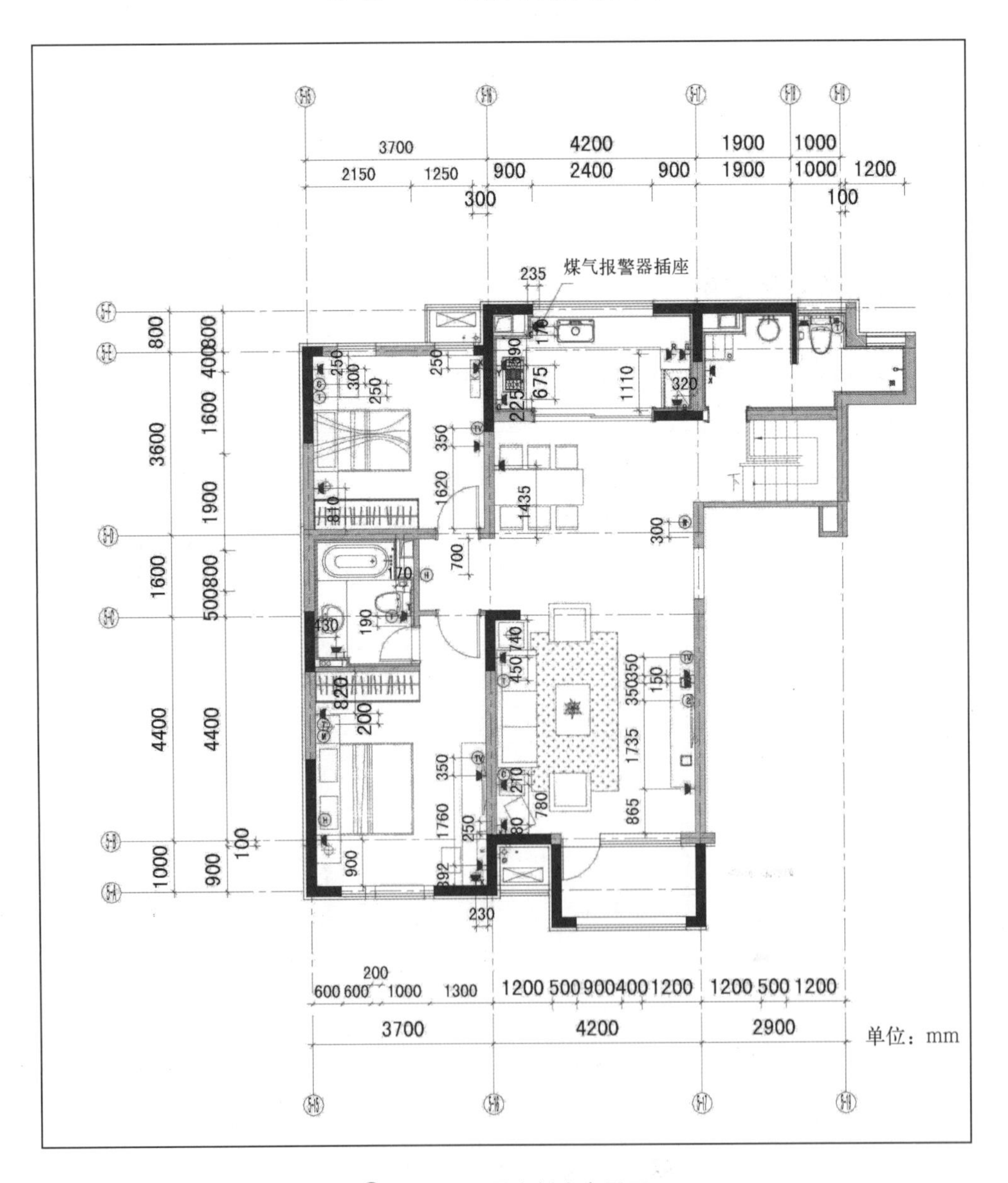

图 3-38 居室插座布置图

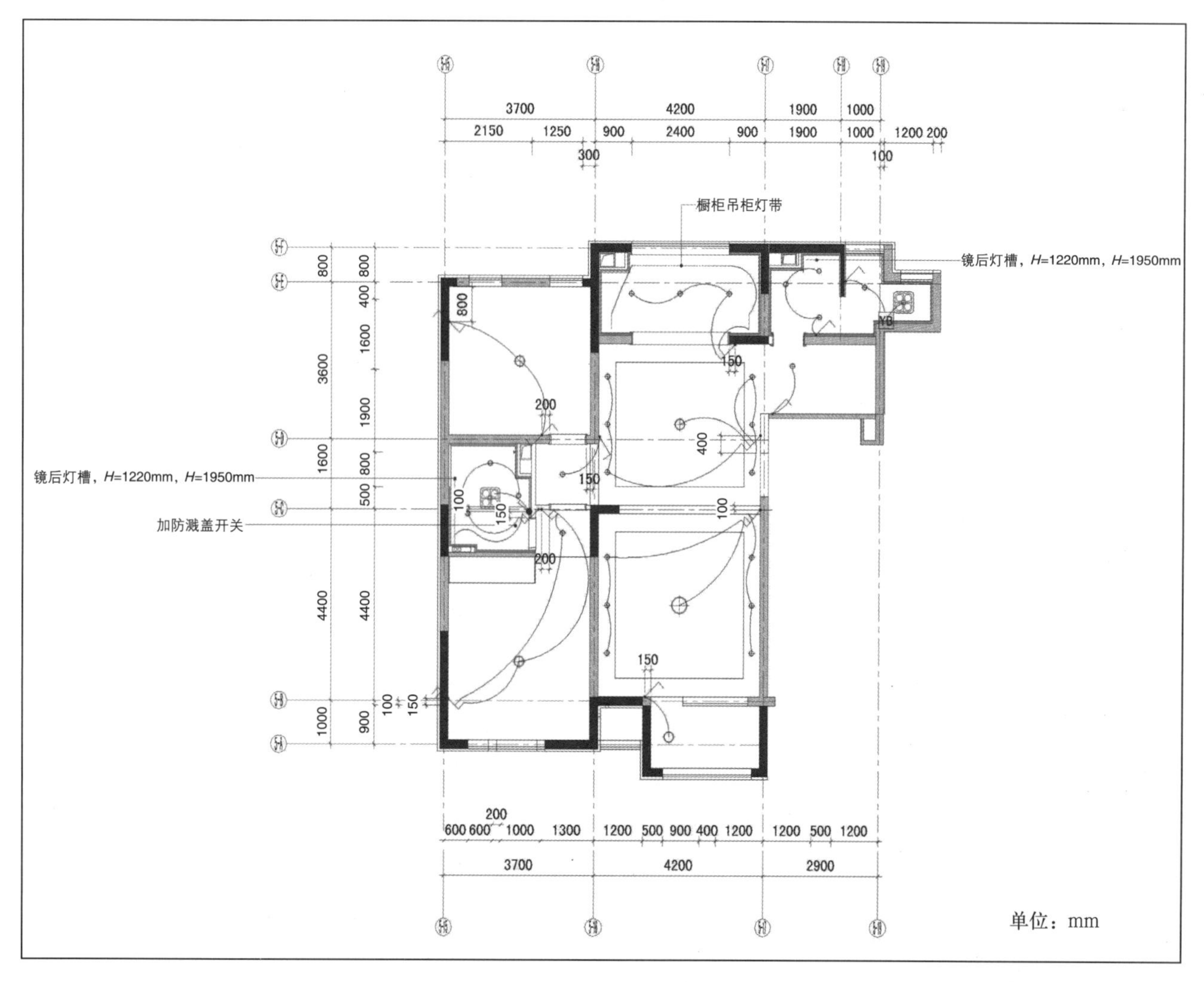

图 3-39 居室灯具回路图

第三节 瓦工工程施工工艺

一、砌筑工程

（一）砌筑工程使用材料及尺寸

（1）砌筑工程使用的材料主要有水泥、沙子（河沙）、红砖（120mm×240mm×60mm）。

（2）瓷砖。瓷砖按照其材质分为釉面砖、通体砖和玻化砖。

（3）常用瓷砖尺寸。

① 常用卫生间墙砖尺寸：300mm×450mm、250mm×330mm、300mm×600mm。

② 常用卫生间地砖尺寸： 300mm×300mm。

③ 常用玻化砖地砖尺寸：600mm×600mm、800mm×800mm、1000mm×1000mm。

（二）砌筑工程的主要工程项目

1. 拆墙

判别承重墙，关键看墙体本身是否承重。可以拆除的填充墙一般为 15cm 再减去内外抹灰，墙的实际尺寸最多为 12cm。砖混结构中，承重墙的厚度要达到 24cm。

可以结合以下几点简单地区分承重墙和非承重墙。

（1）从房屋结构上区分。一般砖混结构房屋的所有墙体都是承重墙，框架结构的房屋内部的墙体一般都不是承重墙。

（2）从房屋档次上区分。一般中低档的住宅楼、别墅都是砖混结构的，高档的大部分是框架结构的。

（3）从墙砖的材质上区分。一般标准砖的墙是承重墙，加砌砖的墙是非承重墙。

（4）从墙的厚度上区分。150mm 厚的隔墙是非承重墙，如卫生间、厨房类似情况出现较多。

（5）根据梁与墙的结合处区分。墙体与梁间紧密结合的一般是承重墙，采用斜排砖的一般是非承重墙。

2. 砌墙

（1）材料的用量

① 墙面厚度为 30mm 时，一袋水泥可铺 4 ～ 5m^2 的墙面，1m^3 沙子可铺 40m^2。

② 墙面厚度为 25mm 时，一吨水泥可抹 80m^2 的墙面，1m^3 沙子可铺 60m^2。

（2）墙体的连接

① 转角部位和纵横墙体交错处应咬槎砌筑。

② 对不能砌筑又必须留置的临时间断处应砌成斜槎，水平长度不小于高度的 2/3。

③ 也可留直槎，但应加设拉结钢筋，其数量为每 1/2 砖长不少于一根直径为 6mm 的钢筋，间距沿墙高不超过 500mm，埋入长度从墙的转角或交接处算起不能小于 300mm。

（3）墙体保温

① 聚氨酯墙体保温工程施工工艺基本步骤（外墙）：基层处理→喷涂聚氨酯硬泡→打磨→抹聚合物干混沙浆→压玻纤网→罩面（聚合物干混沙浆）。

② 工艺一：木龙骨架，5 ~ 8cm 的保温材料（苯板、挤塑板），表面加一层石膏板。优点是以后钉个小钉子很方便；缺点是十年以后墙上会现出龙骨印记。

③ 工艺二：粘贴苯板、挤塑板→罩铁丝网→固定水泥压力板→抹水泥→镶砖。

（4）封立管

封立管的方法比较多，常用塑钢板、红砖封砌等。从隔音和方便贴砖的角度来考虑，红砖封筑效果较好。用夹气砖、轻体转、红砖水泥沙浆包起管道，具体尺寸依照设计要求，每五层用钢筋头加固定点，砌到房顶外挂抹水泥沙浆找平整。封的管道再拉毛，贴墙砖。墙面也都有了防水，以便达到防水要求。

3. 抹灰

（1）抹灰墙面的基本构造层次

抹灰墙面的基本构造层次一般分为三层。

① 底层。主要是起到与墙体表面粘结和初步找平的作用。多选用质量比为 1∶2.5 ～ 1∶3 的水泥沙浆和 1∶1∶6 的混合沙浆。

② 中间层。进一步找平和减小由于材料干缩引起的龟裂纹，它是保证装饰面层质量的关键，用料与底层相同。

③ 面层。一般用质量比为 1 : 2.5 ～ 1 : 3 的水泥沙浆，如作外墙，要做防水和防冻处理。该层也可作装饰层，可进行拉毛、拉假面、斩假面等。

(2) 一般抹灰施工工艺流程

基层处理→做灰饼、冲筋→抹底层灰→抹罩面灰。

(3) 施工要点

根据墙面材料不同，采用不同的处理方法。

① 砖墙基层抹灰。手工砌筑时平整度差。重点清理基层浮灰、沙浆等杂物，然后浇水润湿墙面。

② 混凝土墙基层抹灰。墙体光滑，有的还带有脱油膜，影响抹灰。可将表面凿毛后用水湿润，再刷一层聚合物水泥沙浆；将掺入胶黏剂的 1 : 1 水泥细沙浆或喷或甩到混凝土基面上做毛化处理。适当使用界面处理剂。

③ 加气混凝土基层抹灰。这样空隙大，吸水性强，抹灰时水泥沙浆容易失水，不易有效粘结。可用聚合物水泥做封闭处理，再抹底层灰；在基面钉镀锌钢丝网并绷紧，然后抹灰。

(4) 其他施工要求

① 墙地砖的施工要求。

- 边面平整，分线一致。
- 口缝窗宽度合理。
- 粘贴牢固，无空鼓；缝口填嵌密实，无缺陷。
- 施工后的墙面平整度误差小于 2mm。
- 相邻砖面高度差小于 0.5mm。

② 卫生间、厨房等有排水地漏的地面砖，倾斜度要控制在 5% ～ 10%，且地面不允许有存水。

③ 凡要做防水的墙面、地面，必须严格按规范工艺施工。防水施工结束后，必须做 24 小时灌水实验，确定无漏水点后方可进行下一道工序。

④ 卫生间门口台阶高于 50mm 时，与地面交界处应贴砖。

⑤ 大理石必须磨边，安装平整、严实、牢固，边缘接缝处用玻璃胶做处理。

⑥ 安装门的过梁时，两边搭接不能少于 150mm，中间不能下沉。

⑦ 阴角砖压向正确，阳角砖 45° 对接，非整砖应用于不明显处或阴角处，阳角处整砖起排，窗户两边宜用整砖（或两边砖大小相同），墙、地面尽量通缝；不能出现整砖空鼓现象，边角空鼓率应控制在 5% 以内；勾缝应顺畅，不能有遗漏处；贴砖缝隙应该均匀一致。墙砖平整度应保证在 3mm 以内（即使用 2m 靠尺和塞尺进行检验），立面垂直应在 2mm 以下（即使用 2m 靠尺和塞尺进行检验）。阴阳角方正标准为 3mm（用直角检测尺进行检测）。

⑧ 每天施工结束后，需在清扫地面后撤离工地。

二、防水工程

（一）防水工程所需材料

防水工程所需材料如下：①防水剂，如图 3-40 和图 3-41 所示；②水泥；③沙子；④无纺布；⑤防水卷材，如图 3-42 和图 3-43 所示；⑥ 801 胶，如图 3-44 所示。

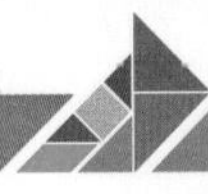

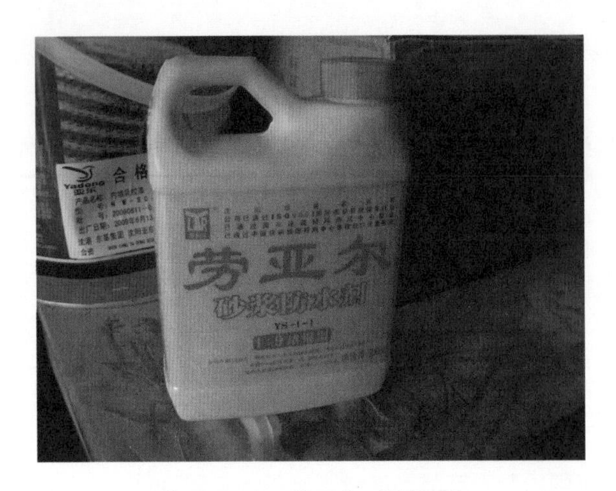

图 3-40　劳亚尔（浓缩型）

图 3-41　防水剂施工实景

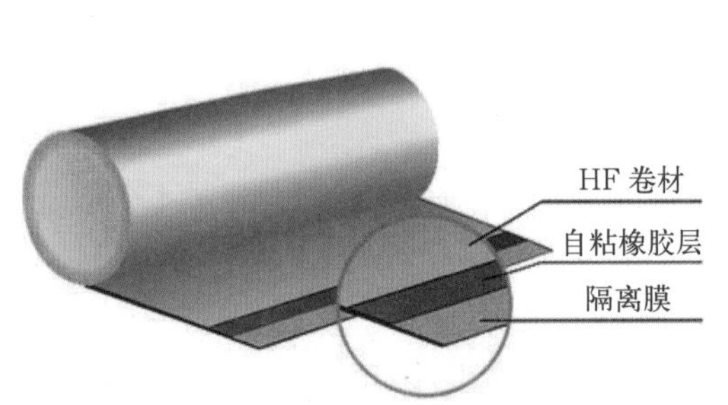

图 3-42　高分子复合自粘防水卷材构造

图 3-43　改性沥青防水卷材

图 3-44　防水用 801 胶(与油工用 107 类似)

（二）防水工程施工流程

（1）钢性防水流程：①清理地面，洒水润湿地面；②水泥沙浆补洞；③水泥、沙子、防水剂的沙浆整体抹平地面；④防水剂及素灰浆整体刷一遍，等到地面干后再刷一遍防水剂及素灰浆，防止地面有裂纹；⑤等到最后一遍防水剂及素灰浆干后，进行蓄水 24 小时试验，其结构如图 3-45 ～图 3-48 所示。

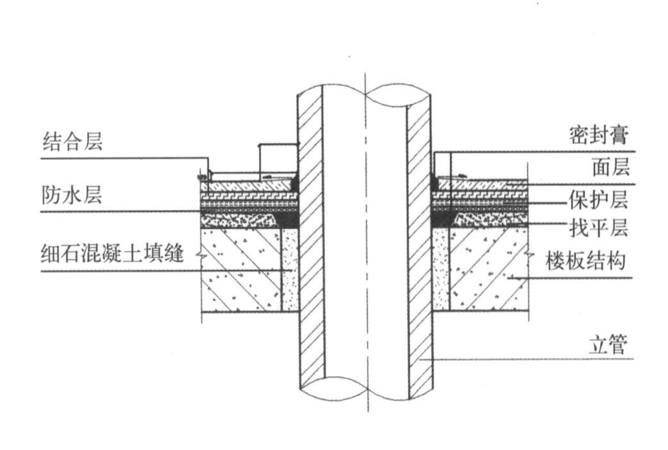

图 3-45　立管穿楼板防水构造

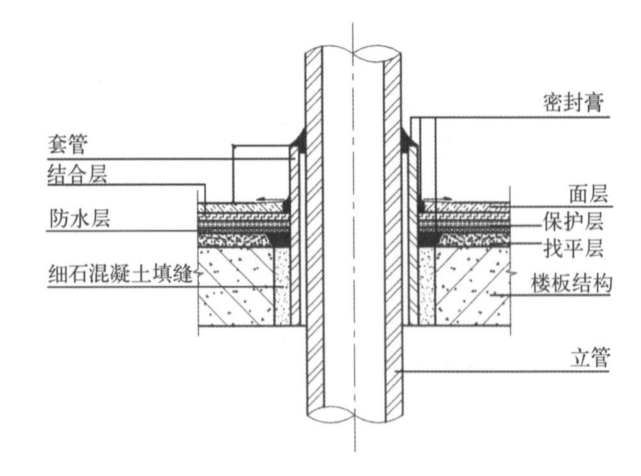

图 3-46　有套管防水构造

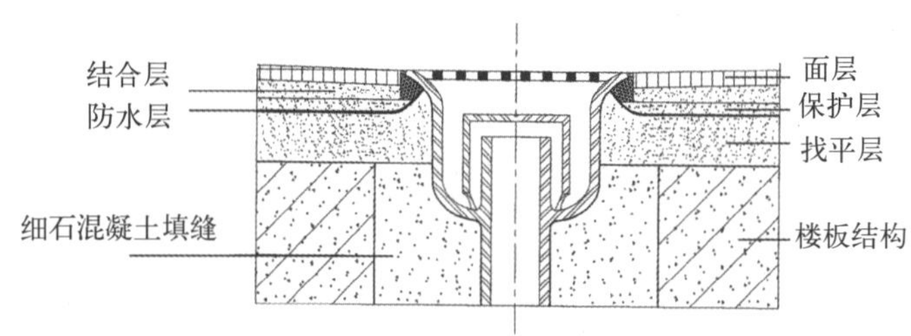

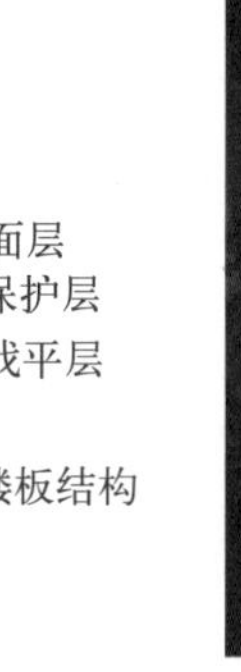

图 3-47 地漏防水构造

图 3-48 卫生间的初步防水处理

(2) 柔性防水流程：①清理地面，洒水润湿地面；②水泥沙浆补洞；③水泥、801 胶的素灰浆将防水卷材粘在地面上，上面也要刷一遍水泥、801 胶的素灰浆；④等到地面干后，再刷一遍水泥、801 胶的素灰浆，防止地面有裂纹；⑤等到最后一遍防水剂及素灰浆干后，进行蓄水 24 小时试验。

三、石材饰面工程

(一) 石材的分类

石材包括天然石材和人造石材，常用的天然石材包括大理石板、花岗岩石板和青石板，常用的人造石材包括预制水磨石板、人造大理石、花岗岩石板、玉石合成装饰板。

(二) 石材铺贴方法

石材被广泛应用于室内外装饰工程当中。作为饰面材料，它的铺贴方法主要有湿挂法与干挂法。

1. 石材湿挂法

1) 石材湿挂所用的主要材料

(1) 室外石材湿挂的一般厚度为 25mm 或 30mm，室内石材湿挂的一般厚度为 20mm。

(2) 所有材料主材为水泥、沙子、钢钉、铁丝等。

2) 石材湿挂的工艺流程

(1) 在欲施工的墙体上钻孔、剔槽，为施工做准备。

(2) 穿铜丝或镀锌铁丝与石材固定。

(3) 绑扎、固定钢筋网。

(4) 吊直，找位弹线。

(5) 安装石材。

(6) 分层灌浆。

(7) 擦缝，做清洁工作。

3）石材湿挂的施工要点

（1）按设计要求将加工好的石材进行钻孔、剔槽。石材打孔时，可将其固定在木架上。用台钻打孔，孔径宜为 5mm，孔深为 15 ～ 20mm 或 35 ～ 40mm，孔的形式有牛鼻小孔、直孔和斜孔。石材宽大于 600mm 时宜增加孔数，但每块石材的上、下（或左、右）打孔数量不能少于两个。改进后孔顶可开槽，深度为 5 ～ 6mm。将镀锌铁丝下压入槽中，填充环氧树脂等胶黏剂胶粘牢固，以便与墙体钢筋网连接。

（2）对于强度很高的花岗石饰面板，钻孔困难时可用切割机在花岗石上、下端面锯槽口，用直径 4mm、长 20mm 左右镀锌 (铜) 铁丝埋卧在槽口中固定。一端顺孔槽卧埋卧，并用环氧树脂胶粘牢；另一端则伸出石材外以便与墙体钢筋网连接。

（3）在基体上钻孔，下预埋件，焊接预挂钢筋网。用冲击电钻在基体上钻直径为 8 ～ 10mm、深度为 60mm 以上的孔，打入膨胀螺栓，刷防锈漆(用直径 6 ～ 8mm 的钢筋粘环氧树脂一并打入墙体，钢筋头外露 50mm 以上，弯钩并绑扎到横向的钢筋上）焊接横向钢筋，间距宜比石材的竖向尺寸短 80 ～ 100mm。竖向钢筋可按石材宽设置（与膨胀螺栓焊接，刷防锈漆）。

（4）从中间或一端开始安装。当用托线板及靠尺使板材平直后，随即用钢丝或镀锌铁丝把石材与钢筋网架绑扎固定，保证石材之间的交接处四角平整。

（5）在灌浆前为防止石材侧竖缝漏浆，应先在竖缝内填塞泡沫塑料条、麻丝或用环氧树脂等胶黏剂做封闭，同时用水润湿板材的基体和背面。固定、填好石材的缝隙后，用 1 ∶ 2.5 水泥沙浆逐层灌注，边灌注边用橡皮锤轻轻敲击，确保排除气泡，提高水泥浆的密实度和粘结力。每层灌注高度为 150 ～ 200mm，且不能大于石材高的 2/3，插捣密实；灌浆过程中应从多处灌注，不能碰撞石材，如图 3-49 所示。

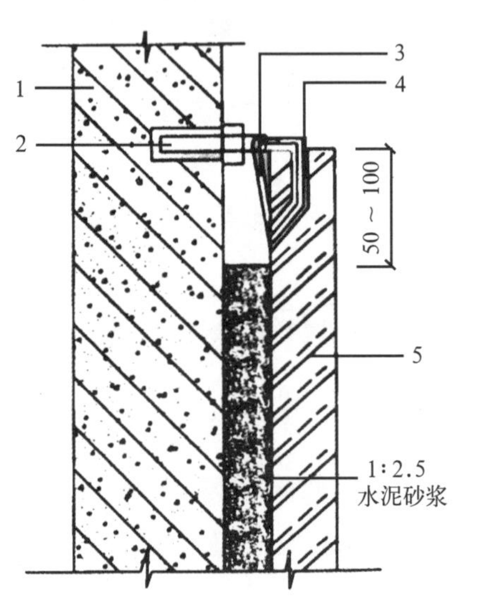

图 3-49　石材湿挂剖面构造

1—墙体；2—膨胀螺栓；3—铅丝
4—槽口；5—石材

2．石材干挂法

1）石材干挂所用的主要材料

（1）室外干挂石材的一般厚度为 25mm 或 30mm，室内干挂石材的一般厚度为 20mm。

（2）埋板：室外用 200mm×200mm×10mm 钢板或 150mm×150mm×10mm 钢板，室内用 100mm×150mm×10mm 钢板，如图 3-50 和图 3-51 所示。

图 3-50　与膨胀螺栓连接的连接件

图 3-51　土建时外墙体预埋件

(3) 竖框：室外用 80mm×120mm×4mm（方钢管，中心大于 1350mm）或 60mm×120mm×4mm（方钢管，中心小于 1350mm），室内用 100mm×50mm×5mm 的槽钢。

(4) 横框：室外用 63mm×63mm×5mm 或 70mm×70mm×5mm 的角钢，室内用 50mm×50mm×5mm 的角钢。

(5) 石材：室外尺寸为 250mm 或 300mm，室内为 200mm。

(6) 膨胀螺栓：通常直径为 6mm、8mm、10mm、12mm，如图 3-52 和图 3-53 所示。

图 3-52 药剂栓（化学锚栓）

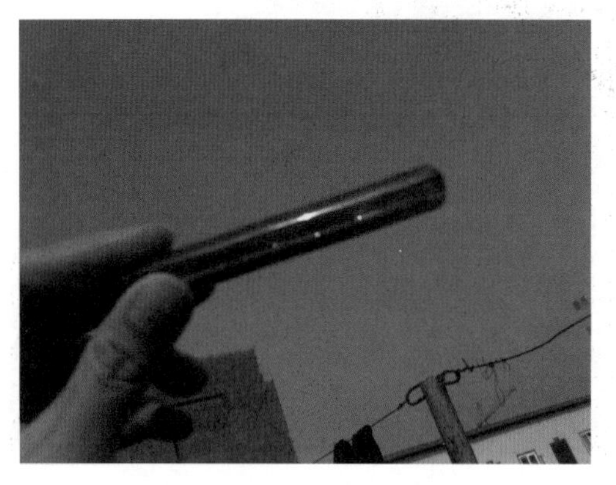

图 3-53 金属膨胀螺栓

2）石材干挂的工艺流程

干挂石材的工艺流程如图 3-54 所示。

施工时，利用耐腐蚀的螺栓和耐腐蚀的柔性连接件将花岗石、人造大理石等饰面石材直接挂在建筑结构的外表面，石材与结构之间留出 40 ~ 50mm 的空腔。用此工艺做成的饰面，在风力和地震力的作用下允许产生适量的变位，以吸收部分风力和地震力，而不致出现裂纹和脱落。当风力、地震力消失后，石材也随结构而复位。

石材干挂的内部结构如图 3-55 所示。

图 3-54 石材干挂的工艺流程

图 3-55 石材干挂的内部结构

3）石材干挂的施工要点

(1) 测量放线应由专业技术人员对主体结构轴线及结构层高进行放线与测量，然后根据幕墙设计的要求对幕墙定位轴线进行测量放线，并使之与主体结构轴线平行，以免幕墙施工与室内装饰施工发生矛盾。

(2) 安装施工。①检查预埋件的牢固情况，对位置偏差太大的，采用后加锚栓连接。如出现不可使用的，要重新来打预埋件。可采用化学锚栓在现场安装，安装过程中应按规范要求进行，安装完成进入下道工序前应经检

测机构做拉拔试验，确保螺栓埋入质量合格。②对钢副框（竖框）进行固定，固定时须进行两次紧固。第一次紧连接件；第二次为钢架完成后的再次紧固，并在螺帽与螺栓相接处采用点焊固定，如图 3-56 所示。③承重钢架横梁（横框）与连接件采用焊接连接，焊接时要焊透，焊缝要饱满。对焊接造成的偏位要进行校正，确保横梁中心与幕墙轴线相一致，如图 3-57 所示。

图 3-56　螺帽与螺栓相接处加点焊固定

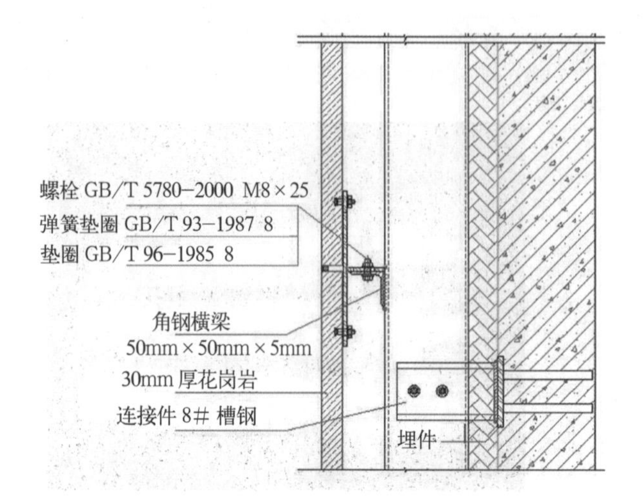

图 3-57　石材幕墙横梁节点图

4）石材干挂的优点

（1）可避免表面污染、变色及泛碱，使石板保持色彩光泽。

（2）不受潮湿作业及气候变化影响，节约冬季施工和雨季施工的费用。

（3）可避免石材脱落，减少维修费用。

（4）可连续作业，提高施工速度。

（5）减轻了构筑物自重并预留保温空间。

四、墙地饰面砖铺贴工程

墙地砖的铺贴是瓦工工程中比较重要的一个项目，随着现代陶瓷制作工艺的发展，墙体砖的种类越来越多，其装饰效果也愈加丰富。在此类项目中要注意做好卫生间等位置的防水处理。

（一）常用墙地饰面砖的分类

1．瓷砖按功能分

瓷砖按功能分为地砖、墙砖及腰线砖等。

（1）地砖。按花色分为仿西班牙砖、玻化抛光砖、釉面砖、防滑砖及渗花抛光砖等。

（2）墙砖。按花色可分为玻化墙砖、印花墙砖。

（3）腰线砖。多为印花砖。为了配合墙砖的规格，腰线砖一般定为 60mm × 200mm 的幅面。

2．瓷砖按工艺分

瓷砖按工艺分为釉面砖、通体砖、抛光砖、玻化砖、陶瓷锦砖。

(1) 釉面砖是指砖表面烧有釉层的砖。这种砖分为两类：一是用陶土烧制的；另一种是用瓷土烧制的，目前的家庭装修约 80% 的购买者选此砖为地面装饰材料。

(2) 通体砖是一种不上釉的瓷质砖，有很好的防滑性和耐磨性。一般所说的"防滑地砖"大部分是通体砖。由于这种砖价位适中，颇受消费者喜爱。

(3) 抛光砖。通体砖经抛光后就成为抛光砖，这种砖的硬度很高，非常耐磨。

(4) 玻化砖是一种高温烧制的瓷质砖，是所有瓷砖中最硬的一种。有时抛光砖被刮出划痕时，玻化砖仍然安然无恙。

(5) 陶瓷锦砖又名马赛克，规格多，薄而小，质地坚硬，耐酸、耐碱、耐磨，不渗水，抗压力强，不易破碎，彩色多样，用途广泛。

(二) 如何挑选瓷砖

可以从地砖的规格、色调、质地等方面进行筛选。

(1) 质量好的地砖规格大小统一、厚度均匀，地砖表面平整光滑，无气泡、无污点、无麻面，色彩鲜明，均匀有光泽，边角无缺陷，90° 直角，不变形，花纹图案清晰，抗压性能好，不易损坏。

(2) 先从包装箱中任意取出一块，看表面是否平整、完好，釉面不光亮、发涩或有气泡都属质量问题。

(3) 再取出一块砖，两块对齐，中间缝隙越小越好。

(4) 如果是图案砖，必须用四块才能拼凑出一个完整图案来，还应看好砖的图案是否衔接、清晰。然后将一箱砖全部取出，平摆在一个大平面上，从稍远地方看整个效果，应色泽一致。

(5) 把砖一块挨一块竖起来，比较砖的尺寸是否一致，小砖偏差允许在 ±1mm，大砖允许在 ±2mm。最后就是拿一块砖去敲另一块砖，或用其他硬物去敲一下砖，如果砖的声音清脆、响亮，说明砖的质量好；如果声音异常，说明砖内有重皮或内裂现象，如图 3-58 所示。

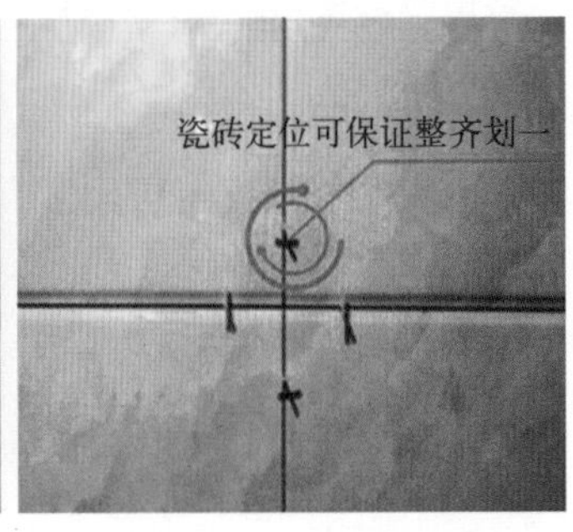

图 3-58 瓷砖常见问题示意图

(三) 地面砖铺贴操作工艺流程

基层清理，洒水湿润→抄平、弹线→选砖→试拼、试排→地板砖润水→拉十字线，做标志块→刷素水泥浆结合层，铺贴地板砖→擦缝、清理→养护。铺贴结构如图 3-59 所示。

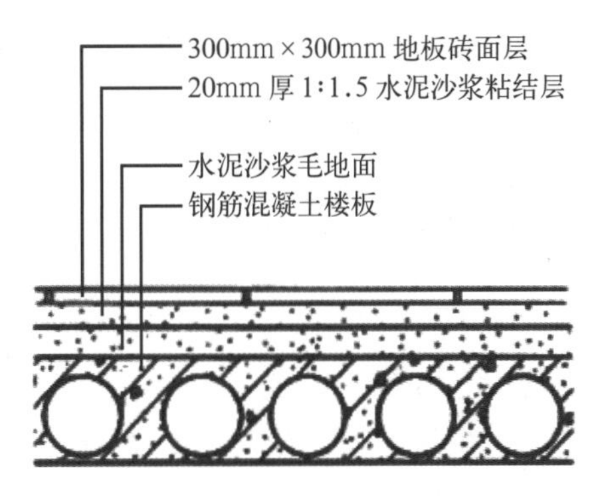

图 3-59 楼板铺贴地面砖构造图

(四) 内墙釉面砖湿贴法操作工艺流程

(1) 基层处理。对结构表面凹凸不平的部位进行剔平或用 1 : 3 水泥沙浆找平，提前浇水湿润，按常规方法冲筋、贴饼。

图 3-60　弹线及垫底尺示意图

（2）抹底子灰。底子灰一般采用 1 : 3 水泥沙浆打底，完成后检查其表面应平整，立面要垂直，阳角方正且阴角顺直。如不符合要求，应及时修补。

（3）弹线及垫底尺。根据墙面尺寸找规矩，弹垂直和水平控制线，竖线间距一般为 1m 左右。根据计算好的最下一批砖的下口标高垫好底尺，作为第一批砖下口的标高，如图 3-60 所示。

（4）镶贴釉面砖。当底子灰初凝即可贴釉面砖。釉面砖在水中浸泡 2 小时以上，待表面晾干后方可使用。将同一尺寸、颜色相同的釉面砖用于同一房间或墙面，以保证接缝均匀一致，并根据水平位置及垂直竖向标志挂线镶贴。用刮刀将素水泥浆在釉面砖背后均匀抹平，厚度控制在 2 ～ 3mm，随即在墙上镶贴，并用刮刀木把轻轻敲击釉面砖，使灰浆挤满，由下而上依次镶贴。施工时应注意面砖边角下的灰浆要饱满。在同一墙面上的横竖排列，不应有一行以上的非整砖，非整砖应排在次要部位或阴角处。镶贴时如遇有突出的灯具、管线、卫生设备的支撑等，应用整砖套割吻合，不能用非整砖拼凑镶贴。

（5）嵌缝。用与釉面砖相同颜色的水泥浆将砖缝处抹平，再用棉纱去余浆，擦至缝隙清晰、深浅一致为止。

（五）其他地面工程

1．现制水磨石地面施工工艺

基层处理→找标高→弹水平线→铺抹找平层沙浆→养护→弹分格线→镶分格条→拌制水磨石拌合料→涂刷水泥浆结合层→铺水磨石拌合料→滚压、抹平→试磨→粗磨→细磨→磨光→草酸清洗→打蜡上光。

2．彩色混凝土地坪、地面压模工艺

彩色混凝土构成材料及工具包括脱模粉、彩色强化剂、保护剂、乳液、压模及纸模模具等。彩色混凝土地坪多数用于室外，是施工较容易且效果较好的一种工艺，效果如图 3-61 所示。

图 3-61　彩色地坪装饰效果

（1）混凝土面层每班铺筑长度应与彩色艺术地坪铺面的合理施工相协调。特别是在冬季和雨季，施工长度应适当控制。

（2）混凝土面层的表面处理必须按照规定及设计要求进行，表层一定要达到所要求的平整度、横坡和宽度。

（3）使用彩色艺术地坪镁合金大抹刀抹平混凝土表层并做好边角。

（4）等待混凝土面层表面的游离水分散去后，使用彩色艺术地坪强化料并以播撒的方式均匀地覆盖住混凝土的表层，用量为 3kg/m^3。

（5）强化料的播撒必须分两遍进行，第一遍播撒约 2/3 的量，第二遍播撒约 1/3 的量。每播撒一次必须用彩色艺术地坪镁合金大抹刀光滑地使强化料吃进并且覆盖住整个混凝土表层，必须等待强化料充分湿润后才能使用大抹刀。

（6）在部分认为需要的地方补上必要的强化料后，彩色艺术地坪钢板大泥刀必须在用完大抹刀之后作最后的抹平及光滑处理。

（7）在收水结束，第二遍强化料播撒后，彩色艺术地坪脱模粉必须立即均匀地播撒在用大泥刀抹平后的混凝土表层，用量一般在 2kg/10m^2。不使用脱模粉，就无法使用彩色艺术地坪成型模。

（8）待强化料和脱模粉结合在一起但又未完全凝固前，即可以使用彩色艺术地坪成型模进行压模成型。要事先研究并制订成型模排列及提放的位置及方向，确保图案的整体性。将第一块成型模沿着放样图案参照线铺设，并将其垂直压进混凝土内。

（六）水泥沙浆类地面质量通病与防治

在工业与民用建筑中，水泥沙浆类地面应用最广泛，但如果使用材料不当，施工方法不规范，就容易产生裂纹、起沙、脱皮、麻面和空鼓等质量问题。

1. 造成水泥地面质量问题的原因

1）地面开裂和空鼓原因

（1）自身原因

① 当温度由高变低时，往往会产生温度裂缝。所以大面积的地面必须分段分块，做成伸缩缝。

② 水泥沙浆在凝固过程中，部分水分与水泥经化学反应产生胶状体，另一部分水分蒸发掉，使体积缩小而造成地面收缩裂纹。

③ 地面终凝时和养护期间强度不高，如果此时受到震动则容易造成开裂。高层建筑立体交叉作业不可避免，在地面未达到一定强度时就打洞、钻孔、踩踏，都会造成开裂。

（2）施工原因

① 基层灰沙浮尘没有彻底清除、冲洗干净，沙浆与基层粘结不牢。

② 基层不平整，突出的地方沙浆层薄，收缩失水快，该处易空鼓。

③ 基层不均匀，沉降时会形成沉降差，随着沉降差的不断增大就会产生裂纹或空鼓。

④ 配合比不合理，搅拌不均匀。一般地面的水泥沙浆配合比宜为 1∶2（水泥∶沙子），如果水泥用量过大，可能导致裂缝。

（3）材料原因

对水泥、沙子等材料检验不严格，沙子含泥量过大，水泥强度等级达不到要求或存放时间过长等原因，均会使水泥沙浆地面产生裂缝。

2）地面起沙原因

（1）搅拌沙浆时加水过量或搅拌不均匀。

（2）表面压光次数不够，压得不实，出现渗水起沙。

（3）压光时间掌握不好或在终凝后压光，沙浆表层遭破坏而起沙。

（4）沙浆收缩时浇水，吃水不一，水分过多处起沙脱皮。

（5）使用的水泥强度等级过低，造成沙浆达不到要求的强度等级。

2. 地面质量通病防治措施

（1）按常规控制沙子、水泥的质量，沙子最好用水冲洗过。

（2）要彻底清除基层表面的砌筑、粉刷落地灰及泥沙，并将突出表面的水泥及混凝土块凿去，再平整和冲洗基层。

（3）在抹面层时，基层表面要充分湿润，以免吸收沙浆水分；还要擦干凹坑处的积水，使其既潮湿又干净。

（4）按常规控制配合比并执行操作规程（如沙浆搅拌一定要均匀等）。

（5）初凝前对水泥沙浆进行抹平，终凝前进行压光，最后用力压出亮光来，以压三次为宜。要掌握压光的时间，早了压不实；晚了压不平，不出亮光。

（6）加强养护。地面经过一段时间硬化后，应定时洒水进行养护，并避免损坏表面状态，保持湿润的时间以10天为宜。

第四节　木工工程施工工艺

一、木工工程基础

（一）木工工程所需主要材料

（1）细木工板：1220mm×2440mm×18mm；9厘板：1220mm×2440mm×9mm；饰面板：1220mm×2440mm×3mm。饰面板根据基材可分为实木饰面板和高分子饰面板。

（2）石膏板：1200mm×3000mm×9mm ～ 1200mm×3000mm×12mm和1220mm×2440mm×9mm ～ 1220mm×2440mm×12mm。

（3）木方：40mm×60mm×4000，30mm×50mm×4000mm，30mm×40mm×4000mm。

（4）铝扣板、塑钢PVC板：2m、2.5m、3m、3.3m、3.6m和4m。

（5）钢化玻璃、普通玻璃、工艺玻璃。

（6）水泥压力板8mm。

（7）白钢板：2438mm×1200mm×0.6mm ～ 2438mm×1200mm×0.8mm和3048mm×1200mm×0.6mm ～ 3048mm×1200mm×0.8mm。

（8）轻钢龙骨。轻钢龙骨由主龙骨、副龙骨、吊筋、龙骨挂件组成。

（9）五金件包括气钉、码丁、射钉、铁钉等。

（10）大力胶、乳白胶。

（二）木工工程施工工艺及验收标准

（1）木工工程必须整体按水平基准线和垂直基准线施工。

（2）木制部分做的间壁墙必须安装牢固，其垂直面的垂线偏差不应在2mm/2m以下（每2m垂直长度偏差控制在2mm以内）。

（3）木制做天花叠级吊顶必须按设计要求施工。其拱起的弧度、倾斜的角度和顶面的水平度都应控制在标准范围内，角度误差为±10mm，水平度误差为3mm/10m。

（4）木制做木龙骨要求用方材。与饰面板接触的面不允许有缺陷毛刺。

（5）所有面板的镶装均要求缝口拼接严密，无高差，起口线缝一致，表面光滑无缺陷，无呲口，无翘曲，无污染。

（6）面板的选择要求色差一致，纹理相近，粘贴牢固。阴阳角的制作要求方正，上尺时应成90°角，棱角线清晰,其线误差小于 2mm/2m。

(7) 所有门及套的制作必须严格按设计图纸要求施工。所有实木线口条要求带胶钉装。门窗套的标高必须按标定尺寸施工,其垂直和水平面的误差不大于 2mm/2m。

(8) 所有房门制作必须用实木封边,收口安装后的木门要求关闭严密,缝隙均匀,开关灵活,无倒翘,无回弹。配套锁具及五金件的安装要求位置准确,功能可靠。

(9) 天花棚线的施工要求线角对装准确。纸面石膏板的铺装要求用自攻钉镶装牢固,不允许用直钉枪。自攻钉间距不大于 200mm。顶面要求平整,无缺陷,四周水平高差小于 ±5mm。

(10) 地板垫方(木龙骨)的施工要求水平一致,安装牢固,其垫方中心间距不超过 300mm。木方不允许有腐朽,坡棱不允许大于木方高度的 1/3。

(11) 地板的安装必须用专用螺纹钉,不允许用直钉枪,地板相接缝隙严密,四周预留的伸缩应在 8 ~ 12mm。整体平面要求平整,无翘曲,无凹凸,无高差,确保缝线一致。

(12) 具体情况。

① 吊棚石膏板与石膏板有 5 ~ 8mm 施工缝,以备后期的石膏连接。

② 安装石膏板时不允许采用掉角、起皮、残缺的石膏板。

③ 石膏板安装应采用自攻钉固定,钉距不能超过 300mm。

④ 木龙骨与石膏板接触部分要用白胶粘合。

⑤ 清油工艺的柜门及所有房门要用实木收边。

⑥ 清油工艺的暖气挂板应用实木收边。

⑦ 宽度为 6cm 以上门套线外沿要做实木收边。

⑧ 衣柜内部必须衬亚光宝丽板,以免刮伤衣物。

⑨ 采用木材做封阻墙面时,必须采用龙骨结构,表面封石膏板。

⑩ 不准在室内吸烟,地面不准出现烟头。

⑪ 木制面板夹缝内必须采用黑色玻璃胶填充。

⑫ 玻璃搁板外露部分必须铣边。

⑬ 木工活结束前应将所有相应的玻璃安装完,再转入下步工序。

⑭ 木线应架起,地面不准出现散放木线。

⑮ 卫生间要求安放临时大便器。

⑯ 地面明走的铝塑管必须用木方保护起来。

⑰ 遇有地砖已铺完的工地,木工活结束前应采取保护措施。

⑱ 地砖、墙砖上如滴上胶,应立即擦干净。

⑲ 易碰到的木制品部分应有保护措施。

⑳ 若刷混油,其实木线应有大号气钉或铁钉带胶安装。

㉑ 所有柜门折页必须采用不锈钢弹簧折页。

㉒ 工人做饭的地方应选在比较安全的地方,以免引起火灾;并且围挡周围墙面,以免油污墙面。

㉓ 宽度为 6cm 以上木线做门套时必须采用夹心板立框,内衬高密度板。

㉔ 做房门时必须采用夹心板叠层做门外框,必须锯防扭曲缝,防止门扇变形。

㉕ 地板铺好后,装房门时应安装定门器。

㉖ 安装抽屉必须要有滑道。

㉗ 若刷混油，木做面板接头处应留 1 ～ 1.5mm 的施工缝。

㉘ 每天完工后必须打扫室内卫生，方可收工休息。

㉙ 木工完工后要把工地打扫干净，材料堆放整齐后再撤离工地。

二、吊顶工程

（一）轻钢龙骨纸面石膏板吊顶施工

1. 施工准备

（1）材料准备及要求

① 吊顶工程所用轻钢龙骨以及龙骨连接配件的规格、型号及材质、厚度必须符合设计要求及现行国家标准《建筑用轻钢龙骨》（GB/T 11981—2008）的规定，无变形、锈蚀等质量缺陷，如图 3-62 和图 3-63 所示。

图 3-62　普通龙骨

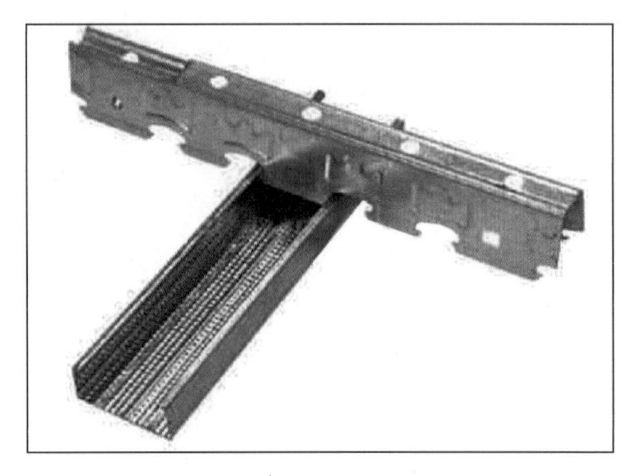

图 3-63　卡式龙骨

② 吊顶内所用天然木材必须按设计要求和《木结构工程施工质量验收规范》（GB 50206—2012）的有关规定选用相应的树种、材质等级，控制含水率不能大于 8%。并进行防腐、防火处理（主要为马尾松、桦木等）。木材的含水率采用测定仪测量，因仪器测深仅能达到木材表面 20mm，检测选点时应具有代表性。需对木料全截面各处测含水率时，应将木料端头截去 20mm，并立即测量。吊顶内所用人造板材的甲醛含量或释放量应符合《室内装饰装修材料　人造板及其制品中甲醛释放限量》（GB 18580—2017）的规定。

③ 纸面石膏板要求表面平整、边缘整齐、色泽一致，不应有气泡、起皮、裂纹、缺角、污垢、划痕、翘曲和图案不完整等缺陷。暗装的吸声材料应该有防散落措施。胶合板及木质纤维板不应脱胶、变色和腐蚀。

④ 安装罩面板、龙骨用的钉子、螺栓应采用镀锌制品。固定件、连接件与砌体、混凝土接触的各种材料以及预埋的木砖等均应做防腐处理。

⑤ 胶黏剂必须按设计要求、产品说明、材质证明与所用的罩面板、龙骨对照，以便对照使用。当胶黏剂用于温度较大的房间时，应该选用具有防潮、防霉性能的产品。应具备稳定性、耐久性、耐温性、耐候性、耐化学性等性能。

注意：不可以承受人的重量的轻钢龙骨石膏板吊顶，主龙骨多用 UC38，副龙骨多用 UC50、UC60；上人轻钢龙骨石膏板吊顶，主龙骨多用 UC50，副龙骨多用 UC50、UC60。

(2) 工具准备及要求

① 施工机具设备：气泵、电焊机、电动圆盘锯、冲击钻、手枪钻、电刨、无齿锯、角磨机。另外，电动机具设备接地保护及防护装置完好。

② 工具：拉铆枪、射钉枪、手锯、钳子、活扳手、螺丝刀等。

③ 测量工具：水准仪、水平管、靠尺、钢角尺、水平尺、塞尺、钢卷尺等。测量工具应经具备相应资质的检测单位检测合格，并在规定检测周期内使用。

2．技术准备

(1) 施工图纸齐全并经会审、会签完成。标高、造型与现场及吊顶内隐蔽管道、设备无冲突。

(2) 施工方案编制完成并审批通过，对施工人员进行安全技术交底，并做好记录。

3．施工工艺

(1) 工艺流程

提料与现场检查测量→放线→安装吊杆→安装主龙骨及边龙骨→安装覆面龙骨→安装罩面板→饰面。轻钢龙骨石膏板吊顶结构通常如图 3-64 所示，轻钢龙骨石膏板卡式龙骨吊顶结构如图 3-65 所示，轻钢龙骨石膏板卡式龙骨吊顶结构施工图如图 3-66 所示。

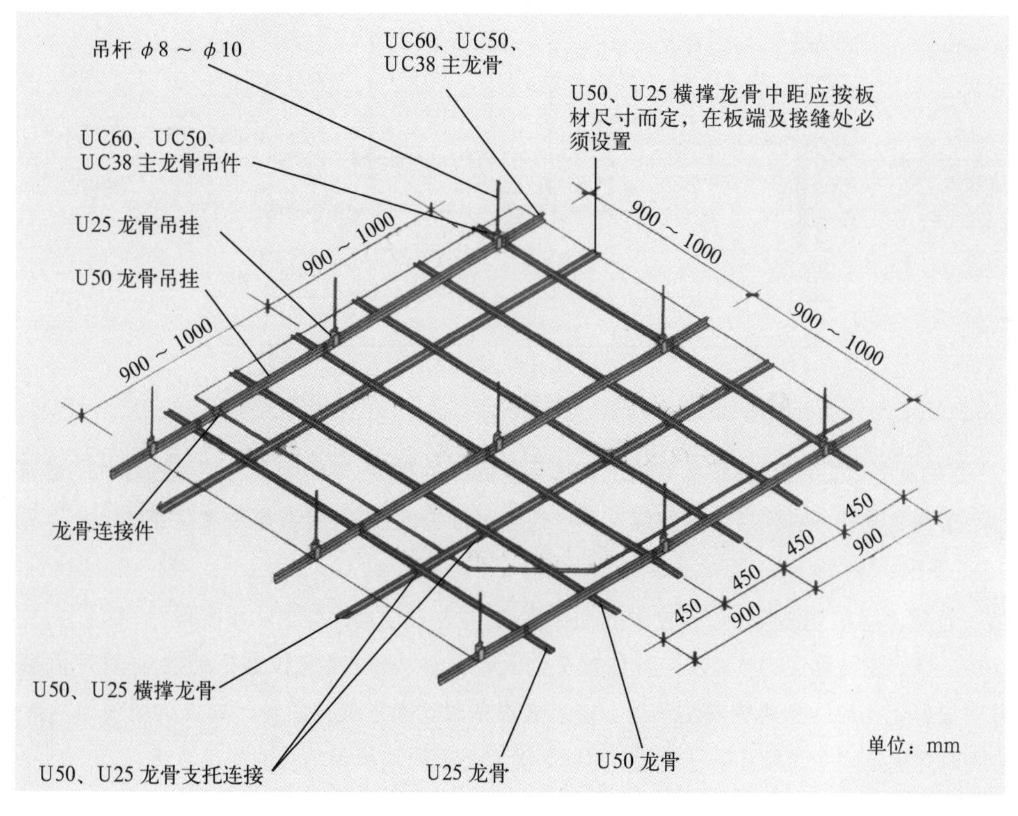

图 3-64 轻钢龙骨石膏板吊顶结构

(2) 操作要点

① 提料与现场检查。检查确认屋面防水已完成施工，验收合格。平面布置分隔间墙完成施工。

吊顶内的通风、空调、消防、给排水管道及上人吊顶内的人行通道或安装通道应安装完成，各类管道试压完毕。棚内电气管线敷设完成、验收合格。吊顶内天棚墙面孔洞处理完成。

图 3-65 轻钢龙骨石膏板卡式龙骨吊顶结构

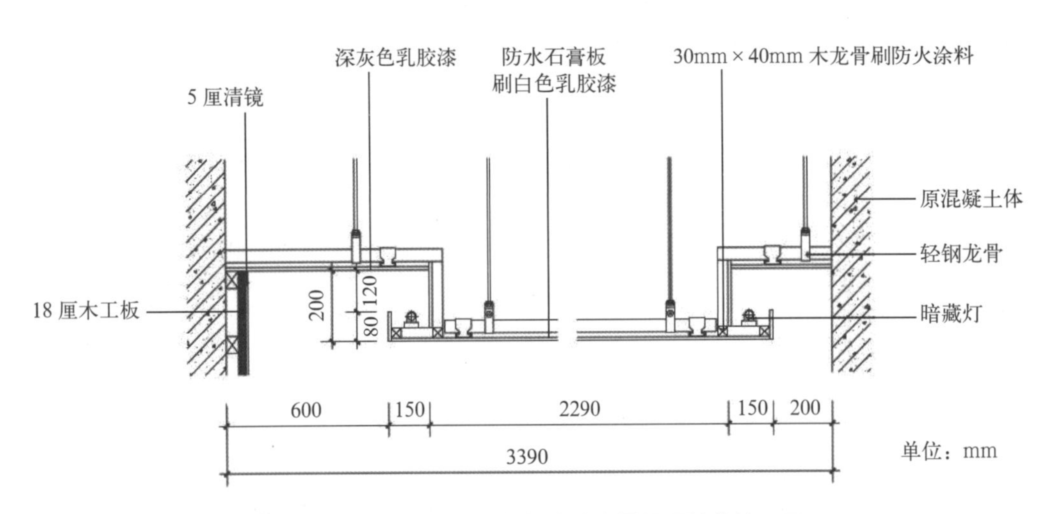

图 3-66 轻钢龙骨石膏板卡式龙骨吊顶结构施工图

根据设计要求及房间的跨度、现场实际情况和选用罩面板的种类、规格确定吊点和预埋件的数量，计算所需要的承载龙骨、覆面龙骨和各种连接件的数量。同时检查吊顶内的设备、管道是否安装完毕，安装高度及位置能否满足吊顶施工要求。

② 放线。根据水平控制线量出设计要求的顶棚标高，并在四周墙面弹出水平标准线，要平直、交圈，偏差不能超过 ±5mm。按照设计确定的吊点及主骨位置在楼板底面上弹出主龙骨位置控制线，并确定天花上嵌入式设备的位置，做明显标记。应注意避免安装天花上嵌入式设备时切断承载主龙骨。如结构屋顶为网架或桁架等轻型钢结构，放线时先确定好主龙骨及吊杆位置，并据此确定吊顶附加承重结构的施工方案。

③ 安装吊杆。吊杆的形式、材质、断面尺寸及连接构造等均必须符合设计要求。常采用直径 6 ~ 10mm 的冷拔钢筋或全丝螺杆制作。冷拔钢筋吊杆顶端焊制角码，通过直径 8 ~ 12mm 的膨胀螺栓与混凝土结构顶棚连接，下端加工或焊接 100mm 左右的螺纹以连接轻钢龙骨吊件。通丝螺杆顶端可采用内膨胀螺栓与混凝土顶棚连接。

当吊杆长度大于 1500mm 时，应增设反向支撑杆。主龙骨端部与吊点的距离不大于 300mm。吊杆间距一般为 800 ~ 1000mm，最大不能超过 1200mm。当吊杆位置与吊顶内设备、管道冲突时，可加设型钢扁担，所选型钢规格应与扁担跨度相符。如扁担上承载的吊杆超过两根，扁担吊杆直径应适当增加。网架结构、轻型钢屋

架结构天花吊顶施工前应先行根据吊杆布置情况布置吊顶荷载承重结构，根据现场实际情况可选用轻型钢结构或木结构。施工中应特别注意不能采用焊接、钻孔等削弱原结构承载力的施工工艺，建议采用卡具与屋架结构连接。

④ 安装主龙骨及边龙骨。安装主龙骨须将主龙骨按设计要求的位置、距离与方向用吊挂件连接在吊杆上。一般主龙骨应平行房间长边安装，间距 800 ～ 1000mm。主龙骨接长采用主龙骨连接件连接，两根相邻的主龙骨接头不能处于同一吊杆档位内。每段主龙骨上不能少于两个吊挂点。

龙骨临时固定后，在其下边按吊顶设计标高拉水平通线调平，同时考虑顶棚起拱高度不小于房间短跨的1/200，调平时可转动吊杆螺栓进行升降。

吊顶跨度超过 10m 时应在建筑物变形缝处设置变形缝。严禁将吊顶内一些木质结构及各种管道设备的支架作为吊顶的承重结构。跌级吊顶结构边龙骨应以膨胀螺栓或射钉沿已弹好的吊顶标高控制线在四周墙面上安装。边龙骨采用 U 形轻钢龙骨时应用膨胀螺栓固定，固定点间距不能大于 600mm。如边龙骨采用木方制作，规格不能小于 30mm × 40mm，并做防火、防腐处理，同时应以射钉或钢钉固定，固定点间距不能大于 200mm。

⑤ 安装覆面龙骨（包括中小龙骨和横撑龙骨）。覆面龙骨采用专用挂件（俗称抓钩或爪子）与主龙骨连接。覆面龙骨接长时采用连接件接长，每段覆面龙骨与主龙骨不能少于两个连接点。因此覆面龙骨的间距应按使用的饰面板规格而定，安装方向应垂直于主龙骨，另设相应数量的横撑龙骨，位于罩面板拼接处，并平行于主龙骨，以便将饰面板的四周都能固定在龙骨上。覆面龙骨与横撑龙骨安装时，应按平线和中线控制，确保位置准确和底面平顺，另外，所有接头不能有下垂现象，以保证罩面板安装。如在顶棚设有灯具、通风口时，必须按设计要求的位置、结构、构造安装在附加的承载龙骨上。

⑥ 安装纸面石膏板。纸面石膏板必须待吊顶内所有各项工程均已经施工完毕，并且外露铁件均经防锈处理后，才可以安装。同时还必须按照设计要求，采用自攻螺丝、黏合剂安装在龙骨上。注意安装后不能自行变更。

纸面石膏板搬运时应两人竖向抬石膏板两头，并轻拿轻放，不能损坏板材的表面和边面。石膏板长边应沿纵向龙骨铺设，短边接缝处于横撑龙骨上。安装双层石膏板时，面层板与基层板接缝应错开，不能在同一根龙骨上接缝。

石膏板应在自由状态下进行固定，防止出现弯棱、凸鼓现象。固定石膏板时，应从一块板的中间向四周或由一边向另一边固定，不能由四周向中间固定。石膏板的接缝要达到接缝宽窄均匀一致，整齐、平直，板与板留出 3 ～ 5mm 的间隙。

固定石膏板时，先用手枪钻钻眼，钻头直径应小于自攻钉直径 0.5 ～ 1.0mm。自攻钉与板未切割边距离为 10 ～ 15mm，距切割边 15 ～ 20mm。板周钉间距以 150 ～ 170mm 为宜，板中钉间距不大于 250mm。钉头沉入板面 0.5 ～ 0.8mm，并不能破坏纸面。钉帽应涂刷防锈漆，并用石膏腻子刮平，如图 3-67 所示。

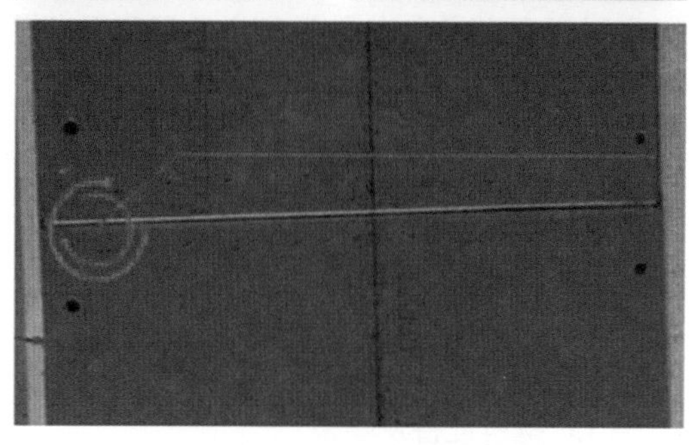

图 3-67　固定石膏板示意图

⑦ 饰面。吊顶表面饰面通常有大白乳胶漆饰面、玻璃板饰面、金属板饰面、木质饰面板饰面、壁纸饰面等方式，应按设计要求及相关工艺标准施工。

玻璃板饰面吊顶基层板宜选用厚度不小于 9mm 的木质胶合板，板背向玻璃一面应满涂防火涂料。饰面玻璃的规格、厚度及品种应按设计要求选用，一般应采用夹胶或钢化玻璃，并应根据安装要求打好安装孔。安装时应先按玻璃规格在基层板上弹出分格线，再用双面胶把玻璃板临时固定在弹线确定的位置上，再以自攻钉固定在基层夹板上，自攻钉间距及规格按设计要求确定，每块玻璃板上不能少于 4 个，钉头用白钢玻璃扣装饰。

4．质量标准

（1）主控项目

① 吊顶标高、尺寸起拱及造型应符合设计要求。检查方法：观察；尺量。

② 吊杆龙骨的品种、规格以及安装间距、固定方法必须符合设计要求。金属吊杆及龙骨表面必须经防腐、防锈处理，吊顶内木质构件必须经防火处理。

（2）一般项目

① 吊顶饰面材料表面洁净、色泽一致，无翘曲、开裂等质量缺陷。装饰线条平直，宽窄一致。检查方法：观察；尺量。

② 顶饰面上的灯具、烟感、喷淋及空调风口等设备安装位置合理美观，与吊顶表面交接吻合严密。检查方法：观察；尺量。

③ 吊杆安装应顺直，龙骨安装接缝均匀，表面平整，无翘曲。检查方法：观察；检查隐蔽验收记录。

④ 有保温吸声要求的吊顶工程中，吊顶内保温吸声材料的品种、厚度应符合设计要求，并应有防散落措施。检查方法：观察；尺量；检查隐蔽验收记录。

⑤ 轻钢龙骨石膏板吊顶的允许偏差和检验方法如表 3-2 所示。

表 3-2　轻钢龙骨石膏板吊顶的允许偏差和检验方法

序号	项　目	允许偏差 /mm	检 验 方 法
1	表面平整度	3	用 2m 靠尺和塞尺检查
2	接缝直线度	3	拉 5m 线，不足 5m 拉通线；用钢直尺检查
3	接缝高低差	1	用钢直尺和塞尺检查

（3）注意的质量问题

① 吊顶受力节点应用专用件组装安装牢固，保证吊顶骨架的整体刚度；吊顶纵横方向起拱均匀一致，相互协调；金属龙骨严禁硬弯。

② 吊顶龙骨底架安装完成后，封罩面板前应按吊顶水平控制线全面调整吊顶骨架的四周水平及中间起拱高度；相邻龙骨接头应错开；吊杆必须安装在主体结构上，安装必须牢固，受力要均匀，并保证垂直与受力平面不能有松弛、弯曲、歪斜现象。

③ 轻钢龙骨吊顶上的检修口、空调风口、灯具口开口时尽量避开主骨，且构造应符合规范及相关图纸的要求，单独设置龙骨和连接件，以免孔洞周围出现开裂。

④ 吊顶施工应特别注意与其他相关专业的配合，吊顶放线及施工中应考虑吊顶内管线的走向、镶嵌在吊顶上的灯具、空调风口的安装位置及安装深度。各专业孔洞开孔前必须经相关专业施工人员确认后方可施工。

（二）金属板吊顶施工

1．施工准备

（1）材料准备及要求

① 吊顶工程所用轻钢龙骨（一般选用 DU38 或 DU50）和型钢、与铝合金扣板配套使用的铝合金龙骨及

龙骨连接配件的规格、型号、材质、厚度必须符合设计要求及现行国家标准《建筑用轻钢龙骨》(GB/T 11981—2008)的规定，无变形、锈蚀等质量缺陷。

② 吊顶常用的金属板材有铝合金扣板（分条形扣板和方形扣板两种）、蜂窝铝板、铝单板、铝塑复合板及白钢板。其吊顶结构中无吊顶基层板，因此必须保证饰面的金属板材的厚度、板块规格符合设计要求，保证吊顶面层的刚度，从而保证吊顶表面的平整度。铝合金板及表面处理的氟碳树脂漆漆膜厚度、漆膜附着力及表面硬度等技术指标必须符合《一般工业用铝及铝合金板、带材》(GB /T 3880.3—2012）的要求。吊顶内所用人造板材的甲醛含量或释放量应符合《室内装饰装修材料 人造板及其制品中甲醛释放限量》(GB 18580—2017)的规定，如图 3-68 和图 3-69 所示。

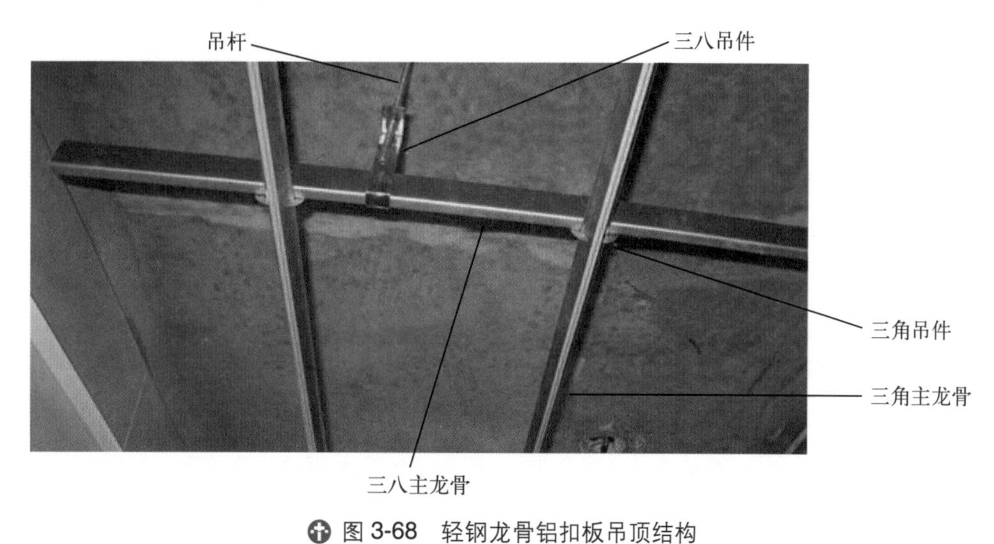

图 3-68　轻钢龙骨铝扣板吊顶结构

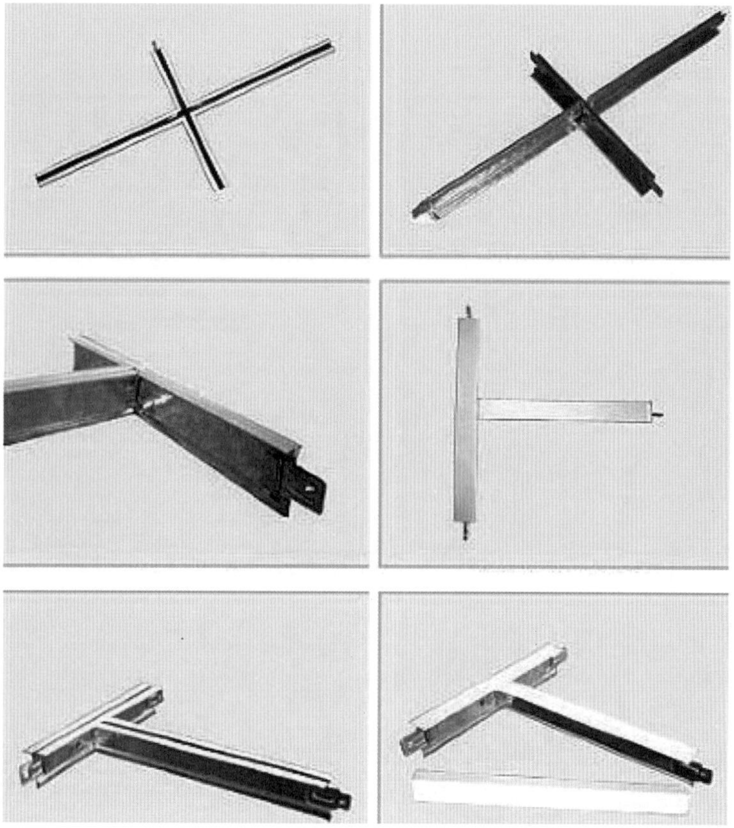

图 3-69　轻钢龙骨铝扣板吊顶龙骨

③ 带有花纹、图案和纹理的金属板其颜色、花纹应均匀一致，图案完整，表面无明显划痕。标准板应有检验报告及出厂合格证，非标定制板材其规格应符合设计要求。

④ 安装龙骨用的自攻钉、螺栓等应采用镀锌制品。固定件、连接件与砌体、混凝土接触的各种材料以及预埋的木砖等均应做防腐处理。

⑤ 胶黏剂必须按设计要求、产品说明、材质证明与所用的罩面板、龙骨对照使用。当胶黏剂用于湿度较大的房间时，应该选用具有防潮、防霉性能的产品。应具备稳定性、耐久性、耐湿性、耐候性、耐化学性等性能。

⑥ 铝扣板长条规格有 75mm、100mm、150mm、200mm、300mm 几种类型；铝扣板方块规格有 300mm × 300mm、600mm × 600mm 两种；铝扣板厚度有 0.55mm、0.6mm、0.7mm、0.8mm 几种类型。

⑦ 塑钢 PVC 规格长度有 2m、2.5m、2.7m、3m、3.3m、3.6m、4m 几种类型；厚度有 0.5mm、0.75mm、0.8mm、0.9mm 几种类型；宽度有 180mm、200mm、220mm、240mm、250mm 几种类型。

（2）工具准备及要求

① 施工机具设备：电焊机、电动圆盘锯、冲击钻、手枪钻、电刨、无齿锯、角磨机、型材切割机。电动机具设备接地保护及防护装置完好。

② 工具：壁纸刀、拉铆枪、射钉枪、手锯、钳子、活扳手、螺丝刀等。

③ 测量工具：水准仪、水平管、靠尺、钢角尺、水平尺、塞尺、钢卷尺等。测量工具应经具备相应资质的检测单位检测合格，并在规定检测周期内使用。

（3）技术准备

① 施工图纸齐全并经会审、会签完成。吊顶标高、造型与现场及吊顶内隐蔽管道、设备无冲突。

② 施工方案编制完成并审批通过，对施工人员进行安全技术交底，并做好记录。

2. 施工工艺

（1）工艺流程

① 铝合金扣板：提料与现场检查测量→放线→安装吊杆→安装主龙骨→安装扣板配套龙骨及边龙骨→安装扣板→调整。

② 大规格铝单板或蜂窝铝板及白钢板：现场检查测量→放线排尺订货→安装吊杆→安装主龙骨→安装金属罩面板→调整→板缝处理。

铝扣板吊顶及大规格金属板吊顶结构通常如图 3-70 和图 3-71 所示。

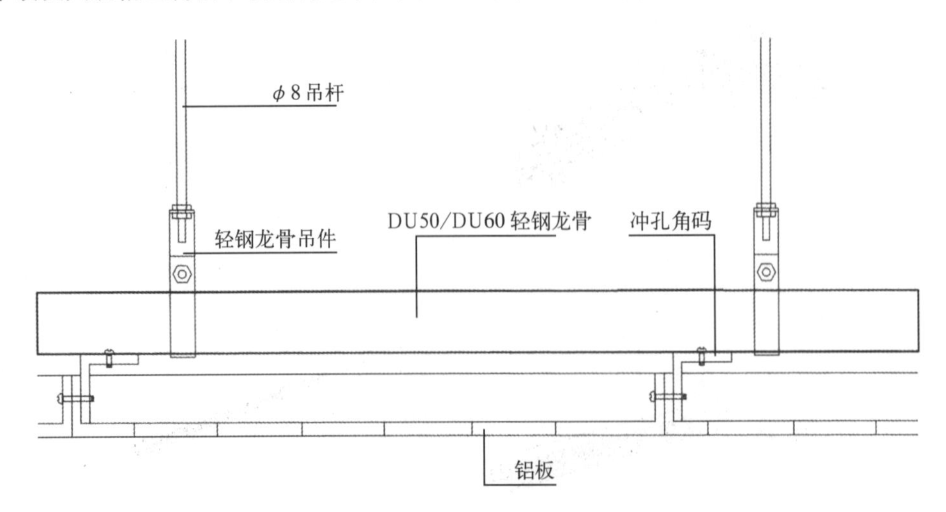

图 3-70　铝合金扣板安装示意图（1）

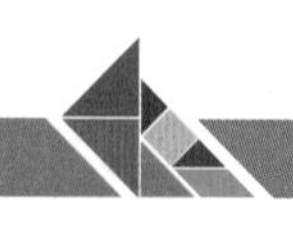

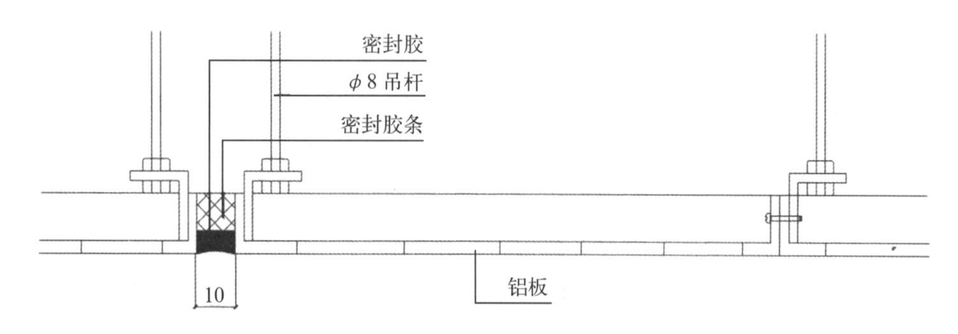

图 3-71 铝合金扣板安装示意图（2）

（2）操作要点

① 提料与现场检查。检查确认屋面防水已施工完成，经验收合格，平面布置分隔墙及抹灰施工已完成。根据设计要求及房间的跨度、现场实际情况，确定吊点和预埋件的数量，计算所需要的主龙骨及副龙骨的数量和金属板的数量。

② 放线。根据水平控制线，量出设计要求的顶棚标高，并在四周墙面弹出水平标准线，要平直、交圈，偏差不能超过 ±5mm。按照设计确定的吊点及主骨位置在楼板底面上弹出主龙骨位置控制线。如结构屋顶为网架或桁架等轻型钢结构，放线时先确定好主龙骨及吊杆位置，并据此确定吊顶附加承重结构的施工方案。根据房间的开间与进深尺寸排板，以棚面四周无小于整板尺寸 1/2 的板块为原则，同时兼顾灯具的安装位置，在棚面或墙面上做出主、副龙骨位置标记。

③ 安装吊杆。吊杆的形式、材质、断面尺寸及连接构造等均必须符合设计要求。通常采用直径 6 ~ 10mm 的冷拔钢筋或全丝螺杆制作。冷拔钢筋吊杆顶端焊制角码，通过膨胀螺栓与混凝土结构顶棚连接，下端加工或焊接 100mm 左右的螺纹以连接轻钢龙骨吊件。全丝螺杆顶端可采用内膨胀螺栓与混凝土顶棚连接。

当吊杆长度大于 1500mm 时应增设反向支撑杆。主龙骨端部与吊点的距离不大于 300mm。吊杆间距一般为 900 ~ 1000mm，最大不能超过 1200mm。当吊杆位置与吊顶内设备、管道冲突时可加设型钢扁担，所选型钢规格应与扁担跨度相符。如扁担上承载的吊杆超过两根，扁担吊杆直径应适当增加。网架结构、轻型钢屋架结构天花吊顶施工前应先行根据吊杆情况布置吊顶荷载承重结构，根据现场实际情况可选用轻型钢结构或木结构。施工中应特别注意不能采用焊接、钻孔等削弱原结构承载力的施工工艺，建议采用卡具与屋架结构连接。

④ 安装主龙骨。安装主龙骨须将主龙骨按设计要求的位置、距离与方向用吊挂件连接在吊杆上。一般主龙骨应平行于房间的长边进行安装，间距为 1000 ~ 1200mm。主龙骨采用主龙骨连接件连接，两根相邻的主龙骨接头不能处于同一吊杆档内。每段主龙骨不能少于两个吊挂点。龙骨临时固定后，在其下边按吊顶设计标高拉水平通线调平，同时考虑顶棚起拱高度不小于房间短跨的 1/200，调平时转动吊杆螺栓升降即可完成。

⑤ 安装扣板配套龙骨及边龙骨。扣板专用龙骨采用专用挂件与主龙骨连接，安装方向应垂直于承载龙骨。注意龙骨必须按放线排板确定的位置安装。如在顶棚设有灯具、通风口时，必须按设计要求的位置、结构、构造安装在附加的承载龙骨上。L 形铝合金边龙骨应以自攻钉沿已弹好的吊顶标高控制线在四周墙面的木楔上安装。固定点间距不能大于 300mm。木楔应做防腐处理。

⑥ 安装金属板。必须待吊顶内所有各项工程均已经施工完毕，外露铁件均经防锈处理，室内湿作业及墙面大白乳胶漆等灰尘较大的工序已经完成，才可安装饰面金属板。安装表面带有规则性纹理的金属板时应注意板块安装方向一致，以保证板面纹理通顺。安装扣板时应注意扣板必须卡、插到位后表面平整，接缝顺直。大规格非标板应由一侧开始逐块安装，除了用角码与龙骨连接外，板块间应用拉铆钉连接并形成整体结构，防止天花水

平方向位移影响平整度。

⑦ 金属板吊顶上灯具、风口及烟感喷淋等装置安装完成后，应统一调整，保证板块接缝整体顺直，接缝平整，吊顶与灯具等镶嵌吻合，灯具风口等明装设备整齐顺直。

3．质量标准

（1）主控项目

① 吊顶标高、尺寸起拱及造型应符合设计要求。检查方法：观察；尺量。

② 吊杆龙骨的品种、规格以及安装间距、固定方法必须符合设计要求。金属吊杆及龙骨表面必须经防腐、防锈处理，吊顶内木质构件必须经防火处理。检查方法：观察；检查产品合格证、性能检测报告或进场复试报告。

③ 吊杆及主龙骨必须安装牢固。T 形龙骨安装连接方式必须符合设计或相关材料安装说明的要求，安装牢固，无松动。检查方法：观察；手扳检查，同时检查隐蔽验收记录。

④ 金属板的品牌、规格、型号必须符合设计要求。板材在 T 形龙骨上搭接应大于其受力面的 2/3。检查方法：观察；检查材料性能检测报告。

（2）一般项目

① 金属板表面洁净、色泽一致，无翘曲、裂缝等质量缺陷。金属扣板与三角龙骨或花龙骨搭接平整、吻合，压条平直，宽窄一致。检查方法：观察；尺量。

② 灯具、烟感、喷淋及空调风口等设备安装位置合理美观，与吊顶表面交接吻合严密。检查方法：观察；尺量。

③ 吊杆安装应顺直。T 形龙骨安装接缝要平整，颜色要一致，无划伤、擦伤等质量缺陷。检查方法：观察；检查隐蔽验收记录。

④ 有保温吸声要求的吊顶工程中，吊顶内保温吸声材料的品种、厚度应符合设计要求，并应有防散落措施。检查方法：观察；尺量；检查隐蔽验收记录。

⑤ 金属板吊顶工程安装的允许偏差和检验方法见表 3-3。

表 3-3　金属板吊顶工程安装的允许偏差和检验方法

序号	项　目	允许偏差 /mm		检 验 方 法
		明龙骨	暗龙骨	
1	表面平整度	2	2	用 2m 靠尺和塞尺检查
2	接缝直线度	2	1.5	拉 5m 线，不足 5m 拉通线，用钢直尺检查
3	接缝高低差	1	1	用钢直尺和塞尺检查

（3）应注意的质量问题

① 水平控制线施测必须准确无误。龙骨安装完成后，必须经整体调平后再安装金属板。金属板安装时应按标高控制线在同一房间拉通线控制，以免造成吊顶不平及接缝不顺直。

② 轻钢骨架预留的通风口、检修口等孔洞处构造必须符合设计或规范、标准图集要求；设置附加龙骨和吊杆，保证吊顶的整体性，避免吊顶开裂。

③ 吊顶必须固定在主体结构上或吊顶附加结构上，不能吊挂在顶棚内的各种管线、设备上。吊顶调平后必须将调平螺栓锁紧，轻钢龙骨骨架的连接必须牢固，尤其注意水平方向的连接牢固以保证吊顶结构的整体性。

④ 金属板安装前应注意挑选板块，保证规格、颜色、花纹或打孔密度一致。板块下料切割时应控制好切割角

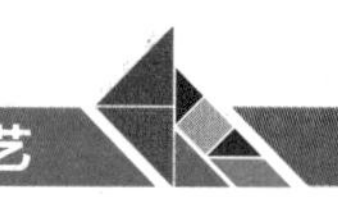

度，切口崩边、毛茬修整平直。安装时拉通线找平、找正，避免出现接缝不顺直、错台等问题。

⑤ 吊顶施工应特别注意与其他相关专业的配合，吊顶放线及施工中应考虑吊顶内管线的走向、镶嵌在吊顶上的灯具、空调风口的安装位置及安装深度。各专业孔洞开孔前必须经相关专业施工人员确认后方可施工。

（三）格栅吊顶施工

1. 施工准备

（1）材料准备及要求

① 格栅吊顶工程所用轻钢龙骨（一般选用DU38）和龙骨连接配件的规格、型号及材质、厚度必须符合设计要求及现行国家标准《建筑用轻钢龙骨》（GB/T 11981—2008）的规定，无变形、锈蚀等质量缺陷。T形龙骨及L形边龙骨其规格、颜色必须符合设计要求，无弯折、划痕、返锈等质量缺陷，表面颜色均匀一致。材料出厂合格证及性能检验报告齐全。

② 格栅通常采用铝板或镀锌钢板加工制作。其品种、规格、颜色等应按设计要求选用，材料的各项性能技术指标应符合现行国家或行业标准要求，出厂合格证及性能检验报告要齐全。

③ 自攻钉、射钉、螺栓、角码等应采用镀锌制品。吊杆规格应按设计要求选用，并按规范要求做防腐处理。固定件、连接件与砌体、混凝土接触的各种材料以及预埋的木砖等均应做防腐处理。吊挂格栅的专用吊件、卡件及连接件应与所选用的格栅规格、型号配套使用，无生锈、变形、裂缝等质量缺陷。

④ 格栅间距为100mm、110mm、150mm和200mm；厚度有0.5mm、0.6mm、0.4mm、0.3mm几种规格；高度有50mm、40mm、37mm几种规格。

（2）工具准备及要求

① 施工机具设备：包括铝合金切割机、电焊机、电动圆盘锯、冲击钻、手枪钻、电刨、无齿锯、角磨机。电动机具设备接地保护及防护装置完好。

② 工具：包括拉铆枪、射钉枪、手锯、钳子、活扳手、螺丝刀等。

③ 测量工具：包括水准仪、水平管、靠尺、钢角尺、水平尺、塞尺、钢卷尺等。测量工具应经具备相应资质的检测单位检测合格，并在规定检测周期内使用。

（3）技术准备

① 施工图纸齐全，并完成会审、会签。吊顶标高、造型与现场及吊顶内隐蔽管道、设备无冲突。

② 施工方案编制完成并通过审批后，对施工人员的安全技术交底完成。

2. 施工工艺

（1）工艺流程

提料与现场检查测量→放线→安装吊杆→安装主龙骨及边龙骨→安装格栅→调整、收边。

格栅吊顶结构通常如图3-72所示。

（2）操作要点

① 提料与现场检查。首先检查确认主体已完工，屋面防水已完成施工，并验收合格。平面布置分隔间墙完成施工。吊顶内的通风、空调、消防、给排水管道及上人吊顶内的人行通道或安装通道应安装完成，各类管道试压完毕。

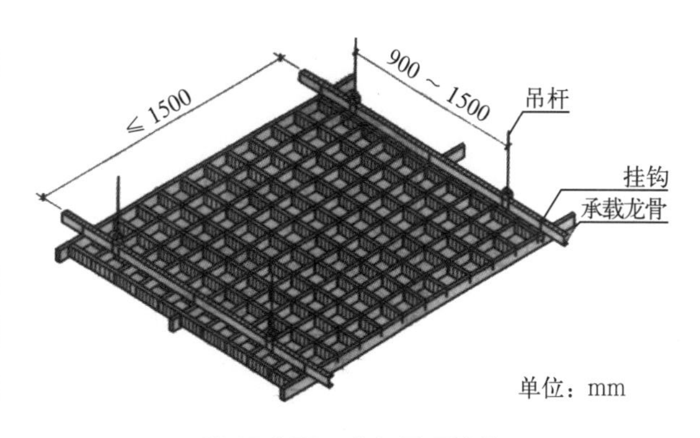

图3-72 格栅吊顶结构

棚内电气管线敷设完成、验收合格。吊顶内天棚墙面孔洞处理完成。然后根据设计要求及房间的跨度、现场实际情况确定吊点和预埋件的数量,计算所需要的承载龙骨、T 形龙骨及 L 形边龙骨和格栅的数量。

② 放线。根据水平控制线量出符合设计要求的顶棚标高,并在四周墙面弹出水平标准线,要平直、交圈,偏差不能超过 ±5mm。按照设计确定的吊点及主骨位置,在楼板底面上弹出主龙骨位置控制线,并确定天花上嵌入式设备的位置,做明显标记。应注意避免安装天花上嵌入式设备时切断承载主龙骨。如果结构屋顶为网架或桁架等轻型钢结构,放线时先确定好主龙骨及吊杆位置,并据此确定吊顶附加承重结构的施工方案。

③ 安装吊杆。吊杆的形式、材质、断面尺寸及连接构造等均须符合设计要求。通常采用直径 6 ~ 10mm 的冷拔钢筋或全丝螺杆制作。冷拔钢筋吊杆顶端焊制角码,通过 m8 ~ m12 的膨胀螺栓与混凝土结构顶棚连接,下端加工或焊接 100mm 左右的螺纹以连接轻钢龙骨吊件。全丝螺杆顶端可采用内膨胀螺栓与混凝土顶棚连接。

当吊杆长度大于 1500mm 时,应增设反向支撑杆。主龙骨端部与吊点的距离不大于 300mm。吊杆间距一般为 900 ~ 1200mm,最大不能超过 1500mm。当吊杆位置与吊顶内设备、管道冲突时可加设型钢扁担,所选型钢规格应与扁担跨度相符。如扁担上承载的吊杆超过两根,扁担吊杆直径应适当增加。网架结构、轻型钢屋架结构天花吊顶施工前应先行根据吊杆布置情况布置吊顶荷载承重结构,根据现场实际情况可选用轻型钢结构或木结构。施工中应特别注意不能采用焊接、钻孔等削弱原结构承载力的施工工艺,建议采用卡具与屋架结构连接。

④ 安装主龙骨及边龙骨。安装主龙骨须将主龙骨按设计要求的位置、距离与方向用吊挂件连接在吊杆上。一般主龙骨应平行于房间的长边安装。间距根据格栅的规格、重量确定,一般不大于 1500mm。主龙骨接长采用主龙骨连接件连接,两根相邻的主龙骨接头不能处于同一吊杆档内。每段主龙骨不能少于两个吊挂点。

龙骨临时固定后,在其下边按吊顶设计标高拉水平通线调平,同时考虑顶棚起拱高度不小于房间短跨的 1/200,调平时可转动吊杆螺栓使之升降来完成。

L 形铝合金边龙骨应以自攻钉沿已弹好的吊顶标高控制线在四周墙面的木楔上安装,固定点间距不能大于 300mm,木楔应做防腐处理。

⑤ 安装格栅。格栅安装前应先在地面上按设计大样进行组装,每块纵横尺寸不宜大于 1500mm,拼装中应注意相同方向相邻两根格栅板接头应相互错开,并保证其底面在同一水平面上。每块格栅板应顺直,不能有歪斜、弯曲、变形之处。纵横方向格栅板间应相互插卡牢固、咬合严密。格栅拼装完成后,用专用卡挂件逐块安装在主龙骨上。卡挂件安装间距按设计要求或格栅安装说明确定。在安装的同时应将先后安装的格栅板底标高调平。如在顶棚设有灯具、通风口时,必须按设计要求的位置、结构、构造安装在附加的承载龙骨上。

⑥ 调整、收边。格栅安装完成后,拉通线对整个顶棚表面和分格分块、分缝进行调平、调直,保证吊顶表面平整,分块、分缝均匀一致,通畅顺直,无宽窄不一、弯曲不直现象。吊顶周边采用 L 形铝合金边角收边,中间 T 形龙骨分格条卡挂在龙骨上。T 形龙骨应整体顺直,接缝平整。吊顶上灯具、风口、烟感、喷淋等装置应单独设置吊挂系统,完成后应统一调整,确保吊顶与灯具等镶嵌吻合,灯具风口等明装设备要整齐顺直。

3. 质量标准

一般项目质量标准如下。

(1) 格栅板表面洁净、色泽一致,无扭曲变形和划痕。镀膜完好,无脱层。格栅板接缝、接头形式应符合设计要求,无错位现象,接口位置错落有序,排列顺直、方正、美观。检查方法:观察;尺量。

(2) 格栅吊顶上的灯具、烟感、喷淋及空调风口等设备安装位置合理美观,与吊顶表面交接吻合严密。板材排列位置要合理、美观,尺寸准确,边缘整齐,不露缝。检查方法:观察;尺量。

(3) 收边条的材质、规格、安装方式应符合设计要求,安装应顺直,分格、分缝宽窄一致。检查方法:观察;

尺量。

格栅吊顶工程安装的允许偏差和检验方法如表 3-4 所示。

表 3-4 格栅吊顶工程安装的允许偏差和检验方法

序号	项 目	允许偏差 /mm	检 验 方 法
1	表面平整度	2	用 2m 靠尺和塞尺检查
2	接缝直线度	3	拉 5m 线，不足 5m 拉通线，用钢直尺检查
3	接缝高低差	1	用钢直尺和塞尺检查

4. 应注意的质量问题

（1）吊杆安装应牢固顺直。完成龙骨安装、调平后，吊杆应受力均匀一致，不能有松弛、弯曲、歪斜现象。施工中应仔细检查各吊挂点的受力情况，并拉通线检查调整吊顶的标高和平整度。

（2）轻钢骨架预留的通风口、检修口等孔洞处的构造必须符合设计或规范、标准图集要求，设置附加龙骨和吊杆要保证吊顶的整体性。

（3）吊顶必须固定在主体结构上或吊顶附加结构上，不能吊挂在顶棚内的各种管线、设备上。吊顶调平后必须将调平螺栓锁紧。轻钢龙骨骨架的连接必须牢固，尤其注意水平方向的连接牢固以保证吊顶结构的整体性。

（4）格栅板安装前应注意挑选板块，保证规格、颜色、花纹一致。格栅安装施工中应拉通线找平、找直，保证吊顶表面平整，接缝顺直、均匀。

（四）矿棉板吊顶施工

1. 施工准备

（1）材料准备及要求

① 吊顶工程所用轻钢龙骨（一般选用 DU38 或 DU50）及龙骨连接配件的规格、型号及材质，厚度必须符合设计要求及现行国家标准《建筑用轻钢龙骨》（GB/T 11981—2008）的规定，无变形、锈蚀等质量缺陷。

② 矿棉板吊顶工程选用的 T 形铝合金龙骨应与选用的矿棉板配套使用，T 形、L 形铝合金龙骨的材质、规格及防腐处理（一般为烤漆）必须符合设计与相关规范要求。吊顶内所用人造板材的甲醛含量或释放量应符合《室内装饰装修材料 人造板及其制品中甲醛释放限量》（GB 18580—2017）的规定。

③ 矿棉板要求表面平整、边缘整齐、色泽一致，无缺角、污垢、划痕、翘曲等缺陷，表面打孔密度应均匀一致。

④ 安龙骨用的自攻钉、螺栓等应采用镀锌制品。固定件、连接件与砌体、混凝土接触的各种材料以及预埋的木砖等均应做防腐处理。

⑤ 胶黏剂必须按设计要求、产品说明、材质证明与所用的罩面板、龙骨对照使用。当胶黏剂用于湿度较大的房间时，应该选用具有防潮、防霉性能的产品。应具备稳定性、耐久性、耐温性、耐候性、耐化学性等性能，并符合环保要求。

⑥ 矿棉板规格有 600mm × 600mm 和 600mm × 1200mm 两种，厚度有 7 ~ 8mm。

（2）工具准备及要求

① 施工机具设备：包括气泵、电焊机、电动圆盘锯、冲击钻、手枪钻、电刨、无齿锯、角磨机。电动机具设备接地保护及防护装置完好。

② 工具：包括壁纸刀、拉铆枪、射钉枪、手锯、钳子、活扳手、螺丝刀等。

③ 测量工具：包括水准仪、水平管、靠尺、钢角尺、水平尺、塞尺、钢卷尺等。测量工具应经具备相应资质的检测单位检测合格,并在规定检测周期内使用。

(3) 技术准备

① 施工图纸齐全并完成经会审、会签。吊顶标高、造型与现场及吊顶内隐蔽管道、设备无冲突。

② 施工方案编制完成并审批通过,对施工人员的安全技术进行交底。

2. 施工工艺

(1) 工艺流程

提料与现场检查测量→放线→安装吊杆→安装主龙骨→安装铝合金T形龙骨及边龙骨→安装矿棉板→调整。

(2) 操作要点

① 提料与现场检查。首先检查确认主体已完工,屋面防水已施工完成,验收合格。平面布置分隔间墙施工完成。吊顶内的通风、空调、消防、给排水管道及上人吊顶内的人行通道或安装通道应安装完成,各类管道并试压完毕。棚内电气管线敷设完成、验收合格。吊顶内天棚墙面孔洞处理完成。根据设计要求及房间的跨度、现场实际情况,确定吊点和预埋件的数量,计算所需要的承载龙骨、T形龙骨及L形边龙骨和矿棉板的数量。

② 放线。根据水平控制线,量出设计要求的顶棚标高,并在四周墙面弹出水平标准线,要平直、交圈,偏差不能超过 ±5mm。按照设计确定的吊点及主龙骨位置,在楼板底面上弹出主龙骨位置控制线。如结构屋顶为网架或桁架等轻型钢结构,放线时先确定好主龙骨及吊杆位置,并据此确定吊顶附加承重结构的施工方案。根据房间的开间与进深尺寸排板,以棚面四周不小于整板尺寸1/2的板块为原则,同时兼顾灯具的安装位置,在棚面或墙面上做出T形主、副龙骨位置标记。

③ 安装吊杆。吊杆的形式、材质、断面尺寸及连接构造等均必须符合设计要求,通常采用直径6 ~ 10mm的冷拔钢筋或全丝螺杆制作。冷拔钢筋吊杆顶端焊制角码,通过m8 ~ m12的膨胀螺栓与混凝土结构顶棚连接,下端加工或焊接100mm左右的螺纹以连接轻钢龙骨吊件。全丝螺杆顶端可采用内膨胀螺栓与混凝土顶棚连接。

当吊杆长度大于1500mm时应增设反向支撑杆。主龙骨端部与吊点的距离不大于300mm。吊杆间距一般为900 ~ 1000mm,最大不能超过1200mm。当吊杆位置与吊顶内设备、管道冲突时可加设型钢扁担,所选型钢规格应与扁担跨度相符。如扁担上承载的吊杆超过两根,扁担吊杆直径应适当增加。

④ 安装主龙骨及边龙骨。安装主龙骨须将主龙骨按设计要求的位置、距离与方向用吊挂件连接在吊杆上。一般主龙骨应平行于房间的长边安装,间距为1000 ~ 1200mm。主龙骨接长采用主龙骨连接件连接,两根相邻的主龙骨接头不能处于同一吊杆档内,每段主龙骨不能少于两个吊挂点。

龙骨临时固定后,在其下边按吊顶设计标高拉水平通线调平,同时考虑顶棚起拱高度不小于房间短跨的1/200,调平时可转动吊杆螺栓升降。

L形铝合金边龙骨应以自攻钉沿已弹好的吊顶标高控制线在四周墙面的木楔上安装,固定点间距不能大于300mm,同时木楔应做防腐处理。

⑤ 安装T形铝合金龙骨。T形主龙骨采用专用挂件与主龙骨连接,安装方向应垂直于承载龙骨。T形主龙骨接长时应利用龙骨端部预留的字母扣连接,并保证相邻两根龙骨的接头应错开,不能处于两根主龙骨的同一档内。T形副龙骨以龙骨端部的榫头连接在T形主龙骨的插槽内,安装时应特别注意主、副龙骨与矿棉板必须配套使用。同时注意主、副龙骨必须按放线排板确定的位置安装。如在顶棚设有灯具、通风口时,必须按设计要求的位置、结构、构造、安装在附加的承载龙骨上。

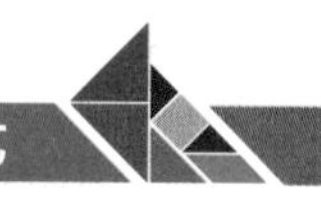

T 形龙骨安装完成后，应统一挂线进行调平、调直，保证吊顶面的整体水平度和起拱高度，并保证 T 形主、副龙骨的顺直和接缝平整。

⑥ 安装矿棉板。矿棉板必须待吊顶内所有各项工程均已经施工完毕，外露铁件均经防锈处理，室内湿作业及墙面大白乳胶漆等灰尘较大的工序完成后才可安装。矿棉板根据安装方式的不同一般可分为企口式（见图 3-73）和搁置式两种，其中搁置式矿棉板又分为下沉板和平板两种形式（见图 3-74 和图 3-75）。企口式矿棉板安装应与 T 形副龙骨安装同步进行，应注意不能破坏板企口。矿棉板安装加工时应轻拿轻放，避免受潮和损坏边角。表面带有规则性纹理的矿棉板安装时应注意板块安装方向一致，以保证板面纹理通顺。

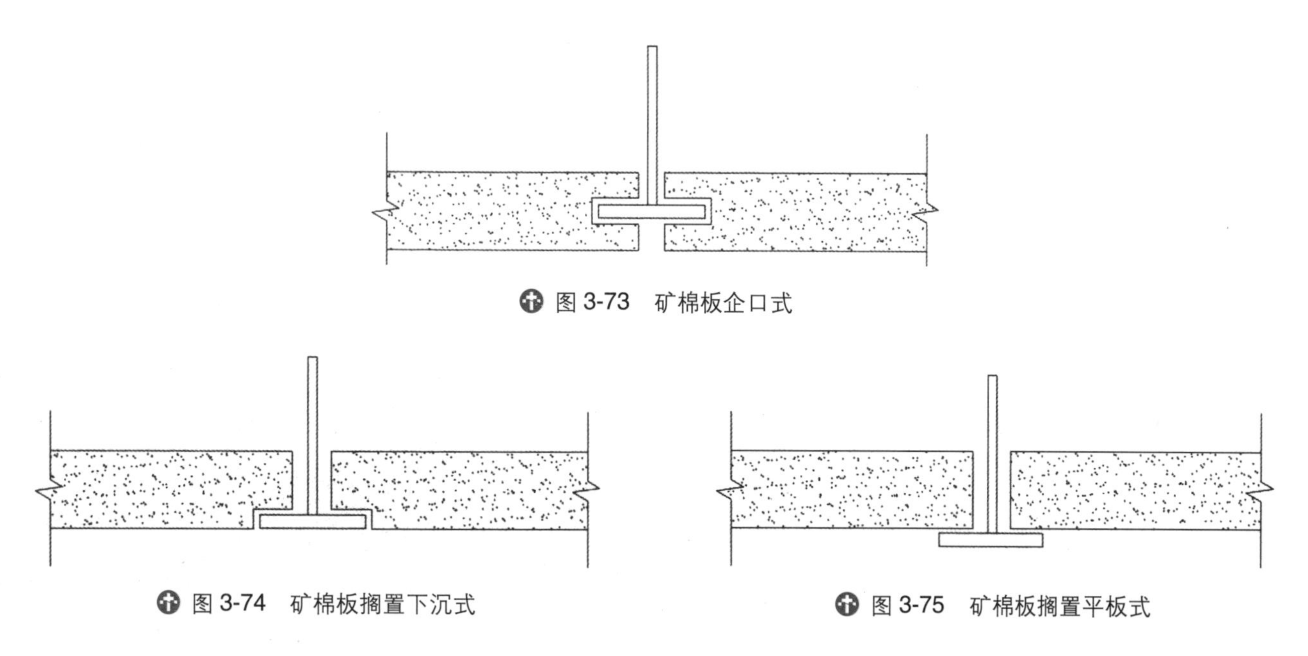

图 3-73 矿棉板企口式

图 3-74 矿棉板搁置下沉式

图 3-75 矿棉板搁置平板式

⑦ 调整。矿棉板及吊顶上灯具、风口及烟感、喷淋等装置安装完成后应统一调整，保证 T 形主、副龙骨整体顺直接缝平整，板块缝隙均匀，吊顶与灯具等镶嵌吻合，灯具风口等明装设备整齐顺直。

3. 质量标准

（1）主控项目

① 吊顶标高、尺寸起拱及造型应符合设计要求。检查方法：观察；尺量。

② 吊杆龙骨的品种、规格以及安装间距、固定方法必须符合设计要求。金属吊杆及龙骨表面必须经防腐防锈处理，吊顶内木质构件必须经防火处理。检查方法：观察；检查产品合格证、性能检测报告或进场复试报告。

③ 吊杆及主龙骨必须安装牢固，T 形龙骨安装连接方式必须符合设计或相关材料安装说明的要求，安装牢固，无松动。检查方法：观察；手工检查；检查隐蔽验收记录。

④ 矿棉板的品牌、规格、型号必须符合设计要求。板材在 T 形龙骨上搭接应大于其受力面的 2/3。检查方法：观察；检查材料性能检测报告。

（2）一般项目

① 矿棉板表面洁净、色泽一致，无翘曲、裂缝等质量缺陷。矿棉板与 T 形龙骨搭接平整、吻合，压条平直，宽窄一致。检查方法：观察；尺量。

② 顶饰面上的灯具、烟感、喷淋及空调风口等设备安装位置合理美观，与吊顶表面交接吻合严密。检查方法：观察；尺量。

③ 吊杆安装应顺直，T 形龙骨安装接缝平整、颜色一致，无划伤、擦伤等质量缺陷。检查方法：观察；检查隐蔽验收记录。

④ 有保温吸声要求的吊顶工程吊顶内保温吸声材料的品种、厚度应符合设计要求，并应有防散落措施。检查方法：观察；尺量；检查隐蔽验收记录。

⑤ T 形龙骨矿棉板吊顶工程安装的允许偏差和检验方法见表 3-5。

表 3-5　T 形龙骨矿棉板吊顶工程安装的允许偏差和检验方法

序号	项　目	允许偏差 /mm		检 验 方 法
		明龙骨	暗龙骨	
1	表面平整度	3	2	用 2m 靠尺和塞尺检查
2	接缝直线度	3	3	拉 5m 线，不足 5m 拉通线，用钢直尺检查
3	接缝高低差	2	1.5	用钢直尺和塞尺检查

4．应注意的质量问题

（1）水平控制线施测必须准确无误。T 形龙骨安装完成后必须经整体调平后再安装矿棉板。矿棉板安装时应按标高控制线在同一房间拉通线控制，以免造成吊顶不平及接缝不顺直。

（2）轻钢骨架预留的通风口、检修口等孔洞处构造必须符合设计或规范、标准图集要求设置附加龙骨和吊杆，保证吊顶的整体性，避免吊顶开裂。

（3）吊顶必须固定在主体结构上或吊顶附加结构上，不能吊挂在顶棚内的各种管线、设备上。吊顶调平后必须将调平螺栓锁紧，轻钢龙骨骨架的连接必须牢固，尤其注意水平方向的连接牢固，以保证吊顶结构的整体性。

（4）矿棉板安装前应注意挑选板块，保证规格、颜色、花纹或打孔密度一致。板块下料切割时应控制好切割角度，切口崩边、毛茬修整平直。安装时拉通线找平、找正，避免出现接缝不顺直等问题。

（5）吊顶施工应特别注意与其他相关专业的配合，吊顶放线及施工中应考虑吊顶内管线的走向、镶嵌在吊顶上的灯具、空调风口的安装位置及安装深度。各专业孔洞开孔前必须经相关专业施工人员确认后方可施工。

三、木工工程地面部分

（一）地板分类

地板根据所用基材大体可分为实木地板、实木多层地板、实木复合地板、强化复合地板、地热地板。

（二）实木地板铺装施工

1．施工准备

（1）材料准备及要求

① 实木地板的技术等级及质量应符合设计要求。其含水率长条木地板不大于 12%，拼花地板不大于 10%。厚度、规格尺寸偏差及翘曲度等技术指标应符合国家标准《实木地板》（GB / T 15036.2—2018）的要求。进场材料应有中文质量合格证明文件、规格型号及性能检测报告，对重要材料应有复试报告。

② 木隔栅、剪刀撑、垫木等规格、尺寸及结构必须符合设计要求，并按规定做防腐及防虫、防火处理。使用时

含水率不能大于18%。毛木板常选用红松、白松、杉木或整张细木工板，其含水率不能大于12%。细木工板甲醛释放量应符合《民用建筑工程室内环境污染控制规范》（GB/T 50325—2010）的规定，铺装时底面应满涂木材防腐剂。木材质量应符合《木结构工程施工质量验收规范》（GB 50206—2012）规定。

③ 安装、固定木格栅及地板的铁钉、膨胀螺栓、自攻钉等应为镀锌制品，否则按规定做防腐处理。胶黏剂必须符合《室内装饰装修材料　胶黏剂中有害物质限量》（GB 18583—2008）的规定。

（2）机具设备准备

① 施工机具：包括电动圆盘锯、冲击转、手枪砖、刨地板机、地板打磨机、平刨、压刨等。电动机具设备接地保护及防护装置完好。

② 工具：包括墨斗、尼龙线、手刨、手锯、凿子、冲子、锤子、斧子、汽钉枪、割角尺等。

③ 测量工具：包括水准仪、水平管、靠尺、钢角尺、水平尺、塞尺、钢卷尺等。测量工具应经具备相应资质的检测单位检测合格，并在规定检测周期内使用。

（3）技术准备

① 施工图纸齐全并完成会审、会签。现场测量完成，并据此深化设计，绘制地板拼花铺装图。

② 地板样板封样确认完成。

③ 对施工工人进行技术、质量、安全交底。

2．施工工艺

（1）工艺流程

基层清理→安装木格栅（木龙骨）→ 铺装实木地板→安装踢脚线。

（2）操作要点

① 基层清理。首先检查确认建筑地面下的沟槽、暗管和预埋在地面基层内的管线等工程完工，并经检验合格。地面混凝土基层施工完成，验收合格。室内地面水平标高已确定，地面标高与电梯口及其他已完工部分标高一致。楼层内区域分隔墙已施工完成，区域内天棚、墙面装修工程已完工。再检查基层混凝土或水泥沙浆地面平整度及强度情况，基层不能有空鼓开裂等质量缺陷，标高及表面平整度偏差不应大于标准规定。同时清除基层表面的沙浆、油污、垃圾及浮灰。

② 安装木格栅。木格栅安装前应先在基层上弹出木龙骨安装位置线及水平标高控制线，并据此安装木格栅。木格栅通常采用30mm × 40mm和40mm × 60mm等规格。用地板钉固定，固定点间距一般为400mm左右。木龙骨与墙面间距不能小于30mm，以便利于通风防潮。调整木龙骨标高的垫块应与基层及木龙骨连接牢固，如需削砍木龙骨找平，削砍深度不宜超过10mm，削砍处应补刷防腐剂。横撑龙骨设置间距不宜大于800mm，龙骨空隙内按设计要求填充轻质材料，厚度不能超过木龙骨上表面。

③ 铺钉实木地板。为防止使用中发生潮气侵蚀的情况，应在木龙骨板上铺设一层防水卷材。条形木地板铺钉从距门较近的一面墙开始，地板面层四周与墙面应预留8 ~ 12mm的缝隙。地板条采用长度为地板条厚度2 ~ 2.5倍的地板钉，从板侧接口处斜向钉入，地板钉间距不能大于300mm，板条端部距铁钉不宜大于20mm。条板接头应处在木格栅中间，相邻条板接头应相互错开。木地板与基层衬板（根据设计要求确定是否增加衬板这道工序）不能在同一木格栅上接头。每铺钉600 ~ 800mm宽度应拉线检查，找直修整。地板条接缝宽度不能大于0.5mm。铺钉拼花木地板时应先根据设计大样图的要求在毛地板弹线放样，铺设时应按由中间向四周的施工顺序施工。拼花木地板可采用钉钉或胶粘法与基层固定。采用胶粘固定时应分别在基层板和拼花地板背面涂刷胶黏剂，基层板上胶层厚度为1mm，地板背面胶层厚度为0. 5mm左右，铺贴完成后应在地板上放置

重物压实,使之粘结牢固,防止翘曲和空鼓。

④ 安装踢脚线。实木地板铺装完后,踢脚线的安装大多采用高分子材料。铺装方法一般先用 2.5mm 钢钉来固定脚线的龙骨挂件,再安装踢脚线(接头一般放在看不见的地方)和脚线连接件(阴角、阳角、堵头),最后用大力胶固定 40mm 平口线和 L 形收边条。

3. 质量标准

(1) 主控项目

① 实木地板品种、质量应符合设计要求。同时符合《民用建筑工程室内环境污染控制规范》(GB 50325—2010)的相关规定。木格栅、剪刀撑、垫木等规格、尺寸及结构必须符合设计要求,并按规定做防腐及防虫、防火处理。检查方法:观察检查,检查材料的检验报告及出厂合格证明。

② 木格栅安装牢固、平直。检查方法:观察;脚踏。

③ 面层应与基层结合牢固,无空鼓。检查方法:用小锤轻击。

(2) 一般项目

① 实木地板面层颜色、花纹应符合设计要求。图案清晰,颜色一致,表面无翘曲。检查方法:观察;用 2m 靠尺和楔形塞尺检查。

② 面层接头错开、缝隙严密、表面整洁。检查方法:观察。

③ 踢脚板表面光滑,接缝严密,高度一致。检查方法:观察;尺量。

4. 应注意的质量问题

(1) 铺钉毛地板(衬板)前应仔细检查木格栅的牢固性,龙骨和横撑与基层应安装牢固、无松动,防止地板铺装后行走时产生声响。

(2) 必须严格控制木材及基层含水率,施工时注意不能将水洒到作业面上。地板铺装完成后要做好成品保护,防止起鼓、变形。

(3) 木地板铺装前应认真挑选规格、尺寸、花纹、颜色及接口质量,确保地板铺装后颜色花纹均匀一致,板边顺直,板面平整。

(4) 施工中应注意按规定留好龙骨、毛地板、地板面层与墙体的缝隙,并预留通风排气孔,防止木地板受潮变形。

(三) 实木复合地板铺装施工

实木复合地板铺装工艺及要求可参照实木地板。

(四) 强化复合地板铺装工程

1. 施工准备

(1) 材料准备及要求

① 强化复合地板的技术等级及质量应符合设计要求,并应符合《浸渍纸层压木质地板》(GB /T 18102—2007)的规定。其耐磨指标不能小于 9000 转(用于住宅时不能小于 6000 转)。甲醛释放量应符合《民用建筑工程室内环境污染控制规范》(GB 50325—2010)的规定。进场材料应有中文质量合格证明文件、规格型号及性能检测报告,对重要材料应有复试报告。

② 胶黏剂必须符合《室内装饰装修材料 胶黏剂中有害物质限量》(GB 18583—2008)的规定。

(2) 机具设备准备

① 机具：包括电动圆盘锯、冲击钻、手枪钻、刨地板机、地板打磨机、平刨、压刨等。电动机具设备接地保护及防护装置完好。

② 工具：包括墨斗、尼龙线、手刨、手锯、凿子、冲子、锤子、斧子、汽钉枪、割角尺等。

③ 测量工具：包括水准仪、水平管、靠尺、钢角尺、水平尺、塞尺、钢卷尺等。测量工具应经具备相应资质的检测单位检测合格，并在规定检测周期内使用。

(3) 技术准备

① 施工图纸齐全并完成会审、会签。现场测量完成，并据此深化设计，确定铺贴方向和铺贴方法。

② 复合地板样板封样确认完成。

③ 对施工工人进行技术、质量、安全交底。

2. 施工工艺

(1) 工艺流程

基层处理→安装木格栅（选用）→铺钉毛地板（选用）→铺衬垫→铺强化复合地板面层→安装踢脚板。

(2) 操作要点

① 基层处理。与实木地板基层处理方法相同。

② 铺衬垫。衬垫一般采用 3mm 厚的聚乙烯泡沫塑料直接铺在基层地面或毛地板上(根据设计要求确定是否增加衬板这道工序)。

③ 铺装强化复合地板。根据房间长宽尺寸及设计要求确定地板铺装起铺方向(一种方法是从一侧往另一侧铺装，另一种方法是从中间向两边铺装，可采用 300mm、600mm、900mm 和 1200mm 这几种尺寸来重叠铺装进行地板错缝)。

④ 安装踢脚线。与实木地板踢脚线的安装方法相同。

3. 质量标准

(1) 主控项目

① 强化复合地板品种、质量应符合设计要求。同时符合《民用建筑工程室内环境污染控制规范》(GB 50325—2010) 的相关规定。其尺寸及结构构造必须符合设计要求。检查方法：观察检查，并检查材料的检验报告及出厂合格证明。

② 地板应与基层结合牢固，无空鼓。检查方法：用小锤轻击。

(2) 一般项目

① 强化复合地板面层颜色、花纹应符合设计要求。图案清晰，颜色一致，表面无翘曲。检查方法：观察并用 2m 靠尺和楔形塞尺检查。

② 面层接头错开、缝隙严密、表面整洁。检查方法：观察。

③ 踢脚板表面光滑，接缝严密，高度一致。检查方法：观察；尺量。

④ 强化复合地板面层的允许偏差和检验方法应符合表 3-6 的规定。

表 3-6　强化复合地板面层的允许偏差和检验方法

序号	项　　目	允许偏差 /mm	检 验 方 法
1	表面平整度	2	用 2m 靠尺和楔形塞尺检查
2	板面缝隙宽度	0.5	尺量检查
3	表面接缝平直	3	拉 5m 线用钢尺测量
4	相邻板块高低差	0.5	用钢尺和楔形塞尺检查
5	踢脚线上口平直	3	拉 5m 线用钢尺测量
6	踢脚板与面层接缝	1	楔形塞尺检查

4. 应注意的质量问题

(1) 铺设复合地板前应仔细检查基层标高和平整度，确保平整度偏差在允许范围之内，以防复合地板铺装后与其他面层地面出现高差和走动时产生响动或踩空感。

(2) 必须严格控制基层含水率，施工时注意不能将水洒到作业面上，防止受潮起鼓、变形。

(3) 强化复合地板铺装前应认真挑选规格、尺寸、花纹、颜色及企口质量，确保地板铺装后颜色花纹均匀一致，板边顺直，板面平整。

(4) 施工中应注意按规定留好地板面层与墙体的缝隙及施工分隔缝，防止复合地板受热膨胀起鼓。

(五) 防静电地板铺装施工

1. 施工准备

(1) 材料准备及要求

① 防静电地板的品种和规格应符合设计要求。

② 地板面层承载力不应小于 7.5MPa，系统电阻应为 $1.0\times10^5\sim1.0\times10^8\Omega$。板块面层应平整、坚实，并具有耐用耐磨、防潮阻燃、耐污染、耐老化和导静电等特点，其他技术性能应符合现行国家或行业标准。

③ 滑石粉、泡沫塑料条、木条、橡胶条、铝型材和角铁、铝型角铁等材质要符合设计要求。

(2) 施工机具设备及工具

① 施工机具设备：包括电动圆盘锯、冲击钻、手枪钻、电刨、无齿锯等。电动机具设备接地保护及防护装置完好。

② 工具：包括吸盘、小铁锤、手锯、钳子、活扳手、螺丝刀等。

③ 测量工具：包括水准仪、水平管、靠尺、钢角尺、水平尺、塞尺、钢卷尺等。测量工具应经具备相应资质的检测单位检测合格，并在规定检测周期内使用。

(3) 技术准备

① 施工图纸齐全并完成会审、会签。

② 施工方案编制完成并审批通过，技术交底完成。

③ 获取防静电地板相关安装说明书或组装结构图。

2. 施工工艺

(1) 工艺流程

基层处理与清理→找中、套方、分格、定位弹线→安装固定可调支架和引导条→铺设活动地板面层→清擦和

打蜡。

(2) 操作要点

① 基层处理与清理。检查确认地板架空层内管线敷设完成,验收合格。室内各分项工程已完工;超过地板面承载力的设备已进入房间预定位置;避免交叉作业。室内水平标高控制线已确定,并已在需铺设地板区域的墙柱面上弹出水平线。活动地板面层的骨架应支撑在现浇混凝土上,下面为水泥沙浆地面或水磨石地面,基层表面应平整、光洁、不起尘土,含水率不大于8%。安装前应认真清擦干净,必要时,在其面上涂刷绝缘脂或清漆。

② 找中、套方、分格、定位弹线。根据房间平面尺寸和设备布置等情况确定铺设方法。

上述选铺方法确定后,就要进行找中、套方、分格、定位弹线工作。既要把面层分格线划在室内四周墙面上(便于施工操作控制用),又要把分格线弹在基层上面,而且尺寸要正确、上下交圈对正,形成方格网并标明设备预留部位(此时应插入铺设活动,地板下的管线要注意避开已弹好标志的支架座)。

③ 安装固定可调支架和引条。首先要事先检查、复核原室内四周墙上弹划出的标高控制线,按选定的铺设方向和顺序确定基准点,然后按基层已弹好标出位置,在方格网交点处安放可调支座,再架上横梁转动支座螺杆。先粗略调整支座面高度至全室等高,待钢支柱和横梁构成框架一体后,再整体统一调平。

④ 铺设活动地板面层。首先检查活动地板面层下铺设的电缆、管线,确保无误后才能铺设活动地面层。先在横梁上铺放缓冲胶条,并用乳胶液与横梁粘合。铺设活动地板调整水平高度以保证四角接触平整、严密,不能使用加垫的方法。铺设活动地板块不符合模数时,不足部分可根据实际尺寸将板面切割后镶补,并配装相应的可调支撑和横梁。切割边一般应用清漆或环氧树脂胶加滑石粉,再按设计要求比例调成腻子封边,也可应用防潮腻子封边。要求高的,应使用铝型材镶嵌后方可安装。与墙边的接缝处,应根据缝隙宽窄分别采用活动地板或木条刷高强胶镶嵌,窄缝宜用泡沫塑料镶嵌。随后应检查、调整板块水平度及缝隙。

⑤ 清擦和打蜡。面层板铺设完成后,应及时进行清擦,并打蜡处理地板表面。

3. 质量标准

(1) 主控项目。

① 面层材质必须符合设计要求,并具有耐用磨、防潮阻燃、耐污染、耐老化等特点,其他技术性能应符合现行国家或行业标准。检查方法:观察并查看材料性能检测报告或进场复试。

② 地板面层外观无裂缝、掉角和缺棱等质量缺陷。地板铺装牢固,走动无声响,无摆动。检查方法:观察;脚踏。

(2) 一般项目。地板板块应排列整齐,表面洁净,色泽一致,接缝均匀,周边顺直。检查方法:观察。

4. 应注意的质量问题

(1) 施工时应保证地板支座必须与横梁形成整体框架,并与基层连接牢固。支架标高必须符合设计要求。

(2) 地板板块不符合模数需切割板块时,切割边必须经过处理后方可安装,保证板块与横梁接触处四角平整严密且不能有局部膨胀变形。

(3) 地板在门口处或预留洞口处构造应符合设计要求,四周侧边应用硬质耐磨材料包裹,采用胶条封边也应考虑耐磨要求。

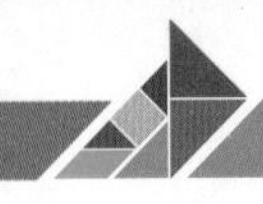

（六）地毯铺设施工

1．施工准备

（1）材料准备及要求

① 地毯及衬垫的品种、规格、主要性能和技术指标必须符合设计要求。其防火性能必须符合《建筑内部装修设计防火规范》（GB 50222—2017）的要求，有害物质释放量应符合《民用建筑工程室内环境污染控制规范》（GB 50325—2010）的规定。具有出厂合格证明及性能检测报告。

② 胶黏剂。无毒、不霉、快干，半小时之内使用张紧器时不脱缝。对地面有足够的粘结强度、可剥离、施工方便的胶黏剂，均可用于地毯与地面、地毯与地毯连接拼缝处的粘结。一般采用天然乳胶添加增稠剂、防霉剂等制成的胶黏剂。各种胶黏剂的 TVOC（有机化合物）和游离甲醛释放量必须符合《民用建筑工程室内环境污染控制规范》（GB 50325—2010）的规定。

③ 倒刺钉板条。在 1200mm × 24mm × 6mm 的三合板条上钉有两排斜钉（间距为 35 ~ 40mm），还有 5 个高强钢钉均匀分布在全长上（钢钉间距约 300mm，距两端各约 100mm）。

④ 铝合金倒刺条。用于地毯端头暴露处，起固定和收头作用。多用在外门口或其他材料的地面相接处。

⑤ 铝压条。宜采用厚度为 2mm 左右的铝合金材料制成，用于门框下的地面处，压住地毯的边缘，使其免于被踢起或损坏。

⑥ 地毯、衬垫和胶黏剂等。这些物品进场后应检查、核对数量、品种、规格、颜色和图案等，应确保符合设计要求，并按其品种、规格分别存放在干燥的仓库或房间内。用前应预铺、配花、编号，铺设应按号取用。

（2）工具准备及要求

① 机具设备：包括裁边机、手枪钻、熨斗、吸尘器。电动机具设备接地保护线且防护装置完好。

② 工具：包括地毯撑子、扁铲、墩拐、割刀、剪刀、尖嘴钳子、漆刷、橡胶压边滚筒、手锤、钢钉。

③ 测量工具：包括钢角尺、直尺、钢卷尺等。测量工具应经具备相应资质的检测单位检测合格，并在规定检测周期内使用。

（3）技术准备

① 按照设计图纸，结合所选材料及现场实际绘制大样图，并做样板，经监理、建设单位确认。

② 办理材料样板的确认，封样手续。

③ 向操作人员进行安全技术交底，并做好交底记录。

2．施工工艺

（1）工艺流程

基层处理→弹线、套方、分格、定位→地毯剪裁→钉倒刺板挂毯条→铺设衬垫→铺设地毯→细部处理及清理。

（2）操作要点

① 基层处理。首先检查、确认室内装饰已经完毕，重型设备均已就位并已调试，运转正常，并经核验全部达到合格标准。铺设地毯的基层，要求表面平整、光滑、洁净，如有油污，需用丙酮或松节油擦净。水泥楼面应具有一定的强度，含水率不大于 8%。需铺设地毯的房间、走道等四周的踢脚板已做好，踢脚板下口均按施工工艺要求离开地面 8mm 左右，以便将地毯毛边掩入踢脚板下。再铺设地毯的基层，一般是水泥地面，也可以是木地板或其

他材质的地面。

② 弹线、套方、分格、定位。要严格按照设计图纸对各个不同部位和房间的具体要求进行弹线、套方、分格，如图纸有规定和要求时，则严格按图施工；如图纸没具体要求时，应对称找中并弹线定位铺设。

③ 地毯剪裁。地毯裁剪应在比较宽阔的地方集中统一进行。一定要精确测量房间尺寸，并按房间和所用地毯型号逐一登记编号。然后根据房间尺寸、形状用裁边机裁下地毯料，每段地毯的长度要比房间长出 20mm 左右，宽度要以裁去地毯边缘线后的尺寸计算。弹线裁去边缘部分，然后以手推裁刀从毯背裁切，裁好后卷成卷编上号，放入对号房间里，大面积房厅应在施工地点剪裁拼缝。

④ 钉倒刺板挂毯条。沿房间或走道四周踢脚板边缘用高强水泥钉将倒刺板钉在基层上（钉朝向墙的方向），其间距约 400mm。倒刺板应离开踢脚板面 8 ～ 10mm，以便于钉牢倒刺板。

⑤ 铺设衬垫。将衬垫采用点粘法刷聚醋酸乙烯乳胶，粘在地面基层上，要离开倒刺板 10mm 左右。

⑥ 铺设地毯。

- 缝合地毯：将裁好的地毯虚铺在垫层上，然后将地毯卷起，在接缝处缝合。缝合完毕，用塑料胶纸贴于缝合处，保护接缝处不被划破或勾起，然后将地毯平铺，用弯针在接缝处做绒毛密实的缝合。
- 拉伸与固定地毯：先将地毯的一条长边固定在倒刺板上，毛边掩到踢脚板下，用地毯撑子拉伸地毯。拉伸时，用手压住地毯撑，用膝撞击地毯撑，从一边一步一步地推向另一边。如一遍未能拉平，应重复拉伸，直至拉平为止。然后将地毯固定在另一条倒刺板上，掩好毛边。长出的地毯用裁割刀割掉。一个方向拉伸完毕，再进行另一个方向的拉伸，直至 4 个边都固定在倒刺板上。
- 铺粘地毯时：先在房间一边涂刷胶黏剂，铺放已预先裁割的地毯，然后用地毯撑子向两边撑拉；再沿墙边刷两遍胶黏剂，将地毯压平掩边。

⑦ 细部处理及清理。要注意门口压条和门框、走道与门厅、地面与管根、暖气罩、槽盒、走道与卫生间门槛、楼梯踏步与过道平台、内门与外门等部分的处理，也要注意不同颜色地毯交接处和踢脚板等部位地毯的套割与固定和掩边工作，必须粘结牢固，不应有显露、后找补条等情况出现。地毯铺设完毕固定收口条后，应用吸尘器清扫干净，并将毯面上脱落的绒毛等彻底清理干净。

3．质量标准

（1）主控项目

① 各种地毯和胶黏剂的材质、规格、技术指标必须符合设计要求和施工规范规定。检查方法：观察并检查材料性能检测报告。

② 地毯表面应平整，拼缝处粘贴牢固、严密平整和图案吻合。地毯与基层固定必须牢固，无卷边、翻起现象。检查方法：观察。

（2）一般项目

① 地毯表面平整，无起皱、翘边、卷边、显拼缝、露线和毛边。绒面毛顺光一致，毯面干净，无污染和损伤。检查方法：观察。

② 地毯与其他地面的收口或交接处及墙边和柱周围应顺直、压紧。检查方法：观察。

4．应注意的质量问题

（1）压边粘结产生松动及发霉等现象。地毯、胶黏剂等规格、技术指标要符合要求，要有产品出厂合格证，必要时做复试。使用前要认真检查并事先做好试铺工作。

(2) 地毯表面不平、打皱、鼓包等。主要问题发生在铺设地毯这道工序时，未认真按照操作工艺缝合、拉伸、用胶黏剂粘结固定等要求去做所致。

(3) 拼缝不平、不实。尤其是地毯与其他地面的收口或交接处，例如，门口，过道与门厅、拼花或变换材料等部位往往容易出现拼缝不平、不实。因此在施工时要特别注意上述部位的基层本身接槎是否平整，如问题严重，应返工处理；如问题不太大，可采取加衬垫的方法用胶黏剂把衬垫粘牢，同时要认真把面层和垫层拼缝处的缝合工作做好，一定要严密、紧凑、结实，并满刷胶黏剂粘牢固。

(4) 涂刷胶黏剂时由于不注意，往往容易污染踢脚板、门框扇及地弹簧等，应认真精心操作，并采取轻便、可移动的保护挡板或随污染随时清擦等措施保护成品。

(5) 暖气炉片、空调回水和立管根部以及卫生间与走道间应设有防水坎等，防止渗漏将已铺设好的地毯成品泡湿损坏。此事在铺设地毯之前必须解决好。

(七) 地胶铺贴施工

1. 施工条件

(1) 材料准备及要求

① 地胶板。板块和卷材的品种、规格、颜色、等级应符合设计要求和现行国家标准的规定，应有出厂合格证。块材板面应平整、光洁，色泽均匀，厚薄一致，密实无气孔，无裂纹，板内不允许有杂质和气泡。并应符合现行国家标准《民用建筑工程室内环境污染控制规范》(GB 50325—2010) 的有关规定。

地胶板块及卷材在运输过程中应防止日晒、雨淋、撞击和重压；在存储时，应堆放在干燥、洁净的仓库内，并距热源 3m 以外，温度不宜超过 32℃。

② 胶黏剂。塑料板的生产厂家一般会推荐或配套提供胶黏剂，也可根据基层和地胶板以及施工条件选用乙烯类、氯丁橡胶类、聚氨酯、环氧树脂、建筑胶等。所选胶黏剂应通过试验确定其相容性和使用方法。并应符合现行国家标准《室内装饰装修材料　胶黏剂中有害物质限量》(GB 18583—2008) 的有关规定。

③ 辅助材料。

- 水泥宜采用硅酸盐水泥、普通硅酸盐水泥，其强度等级不应低于 32.5；不同品种、不同强度等级的水泥严禁混用。
- 丙酮、焊条、上光蜡等均应有产品出厂合格证。
- 水泥基自流平材料、自流平水泥骨料、硬化剂，环氧树脂自流平材料、环氧树脂、固化剂、稀释剂、填料、颜料助剂等，均应有产品合格证、性能检测报告、环保检测报告等。

(2) 工具准备及要求

① 电动工具：包括塑料板焊机。应有漏电保护及防护设置。

② 工具：包括大桶、小桶、壁纸刀、小线、胶皮辊、橡皮锤、錾子、刷子、钢丝刷、墨斗等。

③ 计量工具：包括计算器、钢尺、水平尺等。测量工具应经检测合格，并在检测周期内使用。

(3) 技术准备

① 熟悉设计施工图纸，编制单项工程施工方案，施工前应先做样板。对于有拼花要求的地面，应绘出大样图，经设计、建设单位、监理确认后，方可大面积施工。

② 试胶。用一两块地胶板，将拟采用的胶黏剂涂于地板背面及找平层上，等胶稍干后(不粘手时)进行铺贴。铺贴 4 小时左右，塑料地板无软化、翘边或粘结不牢的现象时，该胶即可使用。

③ 对操作人员进行安全技术交底。

2. 施工工艺

(1) 工艺流程

基层处理→弹线→作自流平→试铺→刷底胶→铺地胶地面→镶边→铺踢脚板→擦光上蜡。

(2) 操作要点

① 基层处理。基层表面应平整（其平整度采用 2m 靠尺检查时，其允许偏差不应大于 2mm）坚硬、干燥、无油污及其他杂质。当表面有麻面、起沙、裂缝时，应采用水泥腻子分层修补，每次涂刷的厚度不应大于 0.8mm，干燥后应用砂纸打磨，然后再涂刷第二遍腻子，直到表面平整。

② 弹线。将房间依照地胶板的尺寸排出地胶板的位置，并在地面弹出十字控制线和分格线。如房间内尺寸不符合板块尺寸的倍数时，应沿地面四周弹出加条镶边线，一般距墙面 200 ~ 300mm 为宜。可直角定位铺板，也可 45° 对角铺板。如设计有图案要求时，应按照设计图案弹出准确分格线，并做好标记，防止差错。

③ 自流平。包括水泥基自流平和环氧树脂自流平，按设计要求选定将配制好自流平浆体涂刷在基层上，用带齿的刮板涂抹至适当厚度，待硬化后，打磨平整，然后将其粉末清擦干净。

④ 试铺。在铺贴地胶板前，应按设计图纸弹分格线进行试铺。试铺合格后，按顺序统一编号，码放备用。

⑤ 刷底胶。铺设前应将基底清理干净，并在基底上刷一道薄而均匀的底胶，底胶干燥后，即可进行铺贴。当地胶板有背胶时，刷底胶工序可省略。

⑥ 铺地胶地面。

- 粘贴地胶板。将地胶板背面用布擦干净，在铺设地胶板的位置和地胶板的背面刷胶。在涂刷基层时，应超出分格线 10mm，涂胶后待胶表面稍干后（不粘手时），将地胶板按编号就位，与所弹定位线对齐，放平粘合，用压辊将地胶板压平、粘牢或用橡皮锤敲实，并与相邻各板调平、调直。基层涂刷胶黏剂时，面积不能过大，要随贴随刷。铺设地胶板时应先在房间中间按十字线铺设十字控制板块，并按十字控制板块向四周铺设。大面积铺贴时应分段、分部位铺贴。对缝铺贴的地胶板，接缝必须做到横平竖直，十字缝处通顺、无歪斜，对缝严密，缝隙均匀。注意，当地胶板有背胶时，只需将地胶板背胶纸揭掉，直接粘铺于找平层上即可。具体施工方法同无背胶地胶板。
- 地胶卷材的铺贴。根据卷材铺贴方向及房间尺寸剪裁下料，按铺贴的顺序编号。将卷材的一边对准尺寸线，刷胶铺贴，用胶皮辊由中间向两边压实，排出空气，防止起泡。滚压不到的地方用橡皮锤敲实，做到连接平顺，不卷不翘。拼缝方法同粘贴地胶板。另外，当板块缝隙需要焊接时，宜在 48 小时以后施焊，也可采用先焊后铺。铺焊接时板材做成 V 形坡口，坡角一般为 75° ~ 85°。焊条成分、性能与被焊的板材的性能要相同。焊后将焊缝凸出部分用刨刀削平。

⑦ 镶边。设计有地板镶边时，应按设计要求镶边。

⑧ 踢脚板铺设。地面铺贴后，弹出踢脚上口线，并分别在房间两端各铺贴一块踢脚板，再挂线粘贴。先铺阴阳角，后铺大面，刷胶铺贴方法与地面铺贴方法相同。滚压时用辊子反复压实，以胶压出为准，并及时将胶痕擦净。

⑨ 擦光上蜡。铺贴好塑料地面及踢脚板后，用布擦干净、晾干，满涂 1 ~ 2 遍上光蜡，稍干后用干净布擦拭，直至表面光滑明亮。

⑩ 季节性施工。

- 雨期施工应开启门窗通风，必要时增加人工排风设施（排风扇等）控制温度。遇大雨或持续高湿度时应停止施工。
- 冬期施工，应在采暖条件下施工，室温保持均衡，一般室温不低于 10℃。

3. 质量标准

（1）主控项目

① 地胶板面层所用的地胶板块和卷材的品种、规格、颜色、等级应符合设计要求和现行国家标准的规定。检验方法：观察并检查材质合格证明文件及检测报告。

② 面层与下一层的粘结应牢固，不翘边、不脱胶、无溢胶。检验方法：观察和用小锤敲击检查。

（2）一般项目

① 地胶板面层应表面洁净，图案清晰，色泽一致，接缝严密、美观。拼缝处的图案、花纹吻合，无胶痕；与墙边交接严密，阴阳角收边方正。检验方法：观察。

② 板块的焊接，焊缝应平整、光洁，无焦化变色、斑点、焊瘤和起鳞等缺陷，其凹凸允许偏差为 ±0.6mm。焊缝的抗拉强度不能小于地胶板强度的 75%。检验方法：观察检查和检查检测报告。

③ 踢脚线的铺设应表面洁净，粘结牢固，接缝平整，出墙厚度一致，上口平直。检验方法：观察和用小锤敲击检查。

④ 镶边用料应尺寸准确、边角整齐、拼缝严密、接缝顺直。检验方法：用钢尺检查或观察检查。

⑤ 地胶板面层的允许偏差和检验方法详见表 3-7。

表 3-7　地胶板面层的允许偏差和检验方法

序号	项　　目	允许偏差 / mm	检 验 方 法
1	表面平整度	2.0	用 2m 靠尺和楔形塞尺检查
2	缝格平直	3.0	拉 5m 线和用钢尺检查
3	接缝高低差	0.5	用钢尺和楔形塞尺检查
4	踢脚线上口平直	2.0	拉 5m 线和用钢尺检查

4. 应注意的质量问题

（1）基层表面应坚实平整，清理必须干净（用吸尘器），无尘土、沙粒，防止铺贴后面层出现凹凸不平、沙粒状斑点。

（2）铺贴前应做含水率测定，基层含水率应控制在 10% 以内，以防因含水率过大，出现面层空鼓、起泡。

（3）涂刷胶黏剂时应厚薄一致、均匀到位，掌握好粘贴时间，滚压时用力排出板背面空气，防止出现空鼓、翘曲。

（4）铺贴后及时将外溢的胶液清理干净，并覆盖保护，防止板面污染。

（5）铺贴前应认真挑选板块材料尺寸、厚度，防止面层错缝和高低不平。

第五节 油工工程施工工艺

一、乳胶漆工程

（一）油工工程所需主要材料

（1）大白粉（20kg、3000 目）。

注意：“目”是用于泰勒标准筛的计量单位。所谓多少目，是指在每英寸（一个规定的单位长度为 2.54cm）的长度上有多少筛孔。如果有 100 个孔，就是 100 目筛。孔数越多，孔眼也就越小。但由于制作材料不同，比如有不锈钢筛、尼龙筛、铜筛等，它们的粗细不同，所以同是 100 目筛，大小实际上也有差别。

（2）石膏粉（303 嵌缝石膏）。

（3）砂纸（墙体打磨 360#；木制油漆打磨 240#；砂布 120#）。

（4）白乳胶（30kg、15kg）。

（5）纤维素（400g）。

（6）原子灰（3.6kg；2.2kg）。

（7）油漆类：清漆和混油（7.5kg/ 组、9.5kg/ 组、2.5kg/ 组，包括了稀释剂、固化剂）；壁纸；分色纸。

（8）乳胶漆、绷带。

（二）油工材料组合

（1）刮大白：由大白粉、纤维素、白乳胶组成；1 袋大白放 2 袋纤维素。

（2）刮石膏：由石膏粉、白乳胶、水组成。

（3）清底漆：由稀释剂、固化剂、清底漆组成。

（4）清面漆：由稀释剂、固化剂、清面漆组成。

（5）白底漆：由稀释剂、固化剂、白底漆组成。

（6）白面漆：由稀释剂、固化剂、白面漆组成。

注意：

（1）油工刮大白时，不做造型的情况下一天能施工 100m^2，做造型的情况下一天能施工 60m^2。

（2）一斤大白涂刷一次的施工面积是 1m^2。

（3）大白与纤维素的质量配比为 1：2。

（4）9.5kg 油漆可刷 10 张面板，包括 4 遍底漆、3 遍面漆；7.5kg 油漆可刷 7 ～ 8 张面板，包括 4 遍底漆、3 遍面漆。

（5）刮大白时，白乳胶放入要适量，放多泛黄，放少不结实。

（三）油工工程施工工艺及验收标准

（1）涂装工程要求施工基层表面处理平整，凡有缺陷和凹凸处必须修补，纸面石膏板的施工基层，其对接口必须用石膏嵌缝，嵌孔严实、平整，用封条将缝口封贴牢固，如图 3-76 所示。

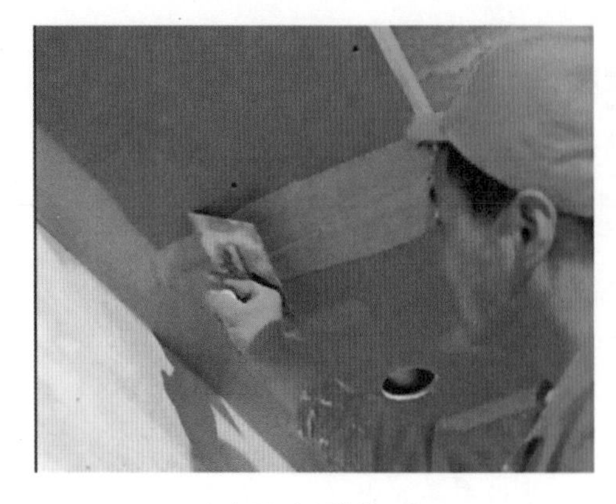

(a) V形沟槽刮石膏

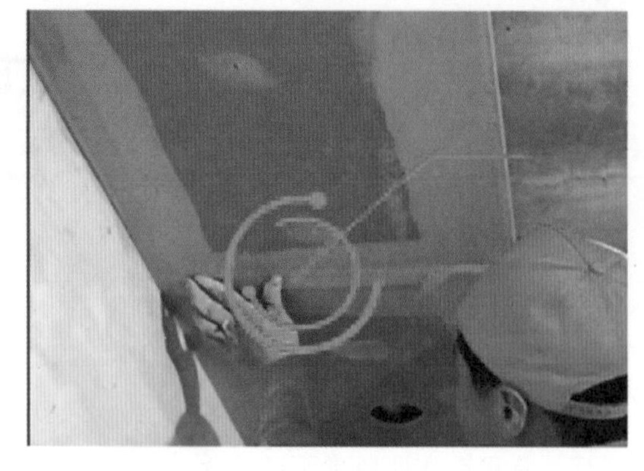

(b) 贴绷带

图 3-76 涂装工程局部示意图

(2) 凡在木制作表面上刮大白，施工前必须用醇酸漆封刷，对所施工的钉子必须做防锈处理。

(3) 大白表面的施工，要求刮层平整，每一道工序后必须砂磨处理，要求线条顺畅，阴阳角方整垂直，如图 3-77 所示。

图 3-77 阴阳角方整处理

(4) 乳胶漆施工必须按指定品牌。施工时要求无漏刷、无流坠、无返碱、无胶色、无疙瘩、无溅沫、无划痕、无掉粉、无透底，如图 3-78 所示。

图 3-78 滚涂乳胶漆实景

(5) 具体情况。

① 进场必须先打扫卫生，工地清洁后方可施工。

② 当日完工后应将材料定点摆放。

③ 当日完工后应打扫卫生，做到工完场清。

④ 遇有地砖已铺装的，施工前应有保护措施，不准油漆污染地砖。

⑤ 油漆的品种、颜色、性能应符合设计要求。

⑥ 混油腻子应使用防水性腻子，腻子与基体结合牢固不起皮、不粉化、不裂纹。

⑦ 刷油时，木作周遍造型事先贴美纹纸保护，以免刷上油漆。

⑧ 油工施工不准在室内吸烟。

⑨ 石膏板接缝处基底要用嵌缝石膏堵平。

⑩ 表面要贴牛皮纸或用其他材料粘贴。

⑪ 石膏线固定采用内衬木方，表面用自攻钉固定或粘粉粘结工艺。

⑫ 刷乳胶漆时，在与木作等交接处要用美纹纸分隔。

⑬ 在刷乳胶漆前必须彻底清扫地面，洒水后再施工。

⑭ 刷乳胶漆时大面积墙面必须用滚刷施工，边角可用小毛刷。

⑮ 乳胶漆不准采用沉淀、过期产品。

⑯ 每天施工结束后，必须打扫卫生后方可休息。

二、木器油漆工程

(一) 油漆施工材料

(1) 成膜漆有以下几种。

① 酯胶清漆：也叫耐水清漆，适用于木质家具、门窗等涂刷及表面罩光，光泽不长久。

② 酚醛清漆：也叫永明漆，适用于室内外家具及金属装饰，容易泛黄。

③ 醇酸清漆：也叫三门漆，适用于室内，成膜后较脆。

④ 虫胶清漆：也叫泡立水、漆片，适用于室内底漆，需用酒精泡开使用，不耐日光、热水。

⑤ 硝基清漆：也叫清喷漆、蜡克，适用于木材及金属表面，是一种高级涂料。

⑥ 环氧树脂漆：可用于金属及水泥混凝土表面装饰。

⑦ 聚氨酯漆：也叫 685，适用于所有木、金属油漆。

⑧ 聚酯漆：分为含蜡和不含蜡两种，其中含蜡的聚酯漆常用，并主要用于高级家具。

(2) 防潮剂的作用是防止漆膜泛白，防止出现针孔现象，可代替部分稀释剂。

(3) 填充料包括石膏、大白粉、立德粉、色粉、双飞粉、地板黄、红土子、黑烟子。

(4) 稀释剂包括香蕉水、松节油、酒精、汽油、煤油、苯、丙酮、乙醚。

(5) 催干剂一般用钴催干剂等。

(6) 上光材料有上光蜡、砂蜡等。

(7) 着色材料主要为矿物材料。

（二）清漆施工工艺

清理木器表面→刷保护漆磨→砂纸打光→满刮第一遍腻子，细砂纸磨光→涂刷油色→喷涂第一遍清漆→拼找颜色，复补腻子，细砂纸磨光→喷涂第二遍清漆，细砂纸磨光→喷涂第三遍清漆、磨光→水砂纸打磨退光，一直喷涂 3 ～ 6 遍→水砂纸打磨退光，打蜡，擦亮。

清漆工艺涂饰效果如图 3-79 所示。

图 3-79　清漆工艺涂饰效果

注意：

(1) 刷第一遍底层保护漆。清油现场木作家具的板材进场准备加工前刷一遍底层保护漆，主要是防止施工中污染板材表面或者进水。

(2) 清漆刷（喷）漆必须在刷墙漆之前进行。

(3) 刷（喷）油漆需选择在相对干燥的环境下进行，尽量避开潮湿天气刷漆。如在潮湿的天气施工时，尽量密闭门窗，采用空调除湿，这样质量才能有所保证。

（三）混色油漆施工工艺

首先清扫基层表面的灰尘，修补基层→用磨砂纸打平→节疤处打漆片→打底刮腻子→涂干性油→第一遍满刮腻子→磨光→涂刷底层涂料→底层涂料干硬→涂刷面层→复补腻子进行修补→磨光、擦净，刷第一遍面漆，涂刷第二遍涂料→磨光→刷第二遍面漆→抛光打蜡。

木门的混色油漆施工工艺装饰效果如图 3-80 所示。

图 3-80　木门的混色油漆施工工艺涂饰效果

注意：

(1) 基层处理要按要求施工，以保证表面油漆涂刷不会失败。

(2) 清理周围环境，防止尘土飞扬。

(3) 因为油漆都有一定挥发性，对呼吸道有较强的刺激作用，施工中一定要注意做好通风。

（四）金属混油施工工艺

基层处理→涂防锈漆→刮腻子→磨砂纸→刷第一遍油漆→抹腻子→磨砂纸→刷第二遍漆→磨砂纸→刷第三遍漆。

金属混油施工工艺涂饰效果如图 3-81 所示。

图 3-81　金属混油施工工艺涂饰效果

思考练习题

1. 水暖地热采暖工程的主要工序有哪些?
2. 电路工程所需主要材料有哪些?
3. 防水工程注意事项有哪些?
4. 吊顶工程的主要装饰用材有哪些?
5. 木器油漆工程的施工要点有哪些?

第四章 案例分析

案 例 一

项目名称：×× 皮肤管理中心项目设计

项目面积：1000m^2

设计公司：香港 ×× 设计有限公司

设 计 师：张 × 含

风格定位：现代风格设计

材料与工艺解析如下。

本方案旨在打造干净、安全、舒适的高端预约制的皮肤管理服务中心。空间顶棚装饰采用双层石膏板白色乳胶漆饰面，以 U 形自钗打条模拟细胞形状，使得整体空间典雅且不失活泼，既能彰显质感又契合医美主题；×× 的品牌定位颜色为蒂芙尼蓝，空间主体大量使用圆弧曲线，并配合蒂芙尼蓝的烤漆玻璃墙面装饰材料，给人温润亲和之感；地面装饰用材整体采用金刚大理石砖，大理石的天然纹理为整体空间添加了自然清丽的韵味；家具陈设部分多为采用实木颗粒板，凸显曲线内涵及自然之美。在结构方面采用减法，以简洁明了的线条避免整体空间产生杂乱之态，表达整体空间的雅静之美，如图 4-1 所示。

图 4-1　×× 皮肤管理中心大堂实景图

墙面装饰材料除烤漆玻璃外，墙面上另一种材质为木饰面，强调人与自然的结合；吧台背景墙均采用定制石膏板雕刻，成水波纹形状；地面装饰全部采用金刚大理石砖，具有天然大理石纹理的美感，如图 4-2 ~图 4-4 所示。

图 4-2　×× 皮肤管理中心走廊实景图

图 4-3　×× 皮肤管理中心门厅实景图

图 4-4　×× 皮肤管理中心电梯实景图

治疗室：治疗室颜色搭配由品牌定位颜色蒂芙尼蓝与干净的白色相结合，让客户感受颜悦的整洁、舒适与典雅；墙面柜体采用柜体板与大理石进行结合，打造光滑的曲线，与双层石膏板及乳胶漆制作的天花板相得益彰；室内灯光经过专业处理，具有可调节性，能够使客户的皮肤呈现一种真实的状态，方便医生进行观察和治疗；地面满铺金刚大理石砖，采用 400mm × 400mm、400mm × 800mm、800mm × 800mm 三种尺寸进行铺贴，使空间更具有灵动性，如图 4-5 所示。

咨询室：室内采用智能家居控制，可分别设置多种不同场景——会客模式、咨询模式、讲解模式、离家模式等。屏幕安装在雾化玻璃上，断电模式下为屏幕，通电时为玻璃状态，满足多种功能需求，如图 4-6 所示。

图 4-5　×× 皮肤管理中心治疗室实景图

图 4-6　×× 皮肤管理中心咨询室实景图

案　例　二

项目名称：×× 时尚海鲜酒店设计

项目面积：3500m^2

设计公司：沈阳 ×××× 商贸有限公司

设 计 师：李 × 虹

风格定位：现代混搭设计

材料与工艺分析如下。

本方案的业主为时尚海鲜酒店，是一家定位为中高端餐饮的酒店。大堂设计以黑白灰为主色，配以写意水墨丹青，低调奢华却不失典雅。顶棚采用轻钢龙骨石膏板打造出跌级造型，并采用 304 哑光拉丝防指纹不锈钢材质的黑色线条装饰顶棚，多边形的顶棚造型与一楼多边形的户型遥相呼应；灯池内及大堂中间的结构柱表面粘贴天然淡水白贝壳马赛克装饰，自然的贝壳在灯光的映衬下发出淡淡的七彩荧光，凸显雅致的品位；墙体主背景采用石膏板打底，用表面玻璃胶贴固定陶瓷雕刻背景墙，局部墙体大面积贴亚麻质感壁布，实木镂空饰面板上镶嵌古风铜制铆钉，木质与铜质感结合，加之颜色的搭配，完美地诠释了简约现代的新中式文化，另一侧墙体设计采用

时尚古风的黑白水墨墙布，局部点缀犹如画龙点睛，完美地呼应了现代时尚混搭的定义；吧台采用古木黑天然石材，正面贴黑白色块牛角贝壳和白贝壳搭配的马赛克图案，地面装饰主要铺贴 800mm 规格的全瓷通体的大理石瓷砖，花色为仿进口的天然石材爱奥尼灰花色，搭配水刀切割工艺的黑色仿大理石瓷砖，与墙体的深色木作以及多边形吊顶相呼应，增添了大堂简约大气的时尚感，如图 4-7 所示。

图 4-7 ×× 时尚海鲜酒店一楼大堂效果图

酒店内每间包房均采用不同设计风格。图 4-8 所示这间包房以黑、白、灰为主色，彰显典雅的文化内涵。顶棚采用轻钢龙骨石膏板跌级造型，顶棚的黑色线条为 304 哑光拉丝防指纹不锈钢材质；照明方面，主灯采用时尚现代的纤维管束吊灯，局部采用自然光 LED 射灯进行辅助照明；墙体主背景采用高密板打底，局部实木饰面板上镶嵌古风铜制浮雕瑞兽，木与铜质感和颜色的搭配完美地诠释了传承和文化。墙面大面积采用柔和舒适的亚

图 4-8 ×× 时尚海鲜酒店包房效果图

麻色壁布，亚麻色材质的座椅自然，舒适，局部细节小线条不会让墙面感觉过分空旷，又避免了多处使用装饰画的俗套；另一侧墙体设计采用时尚古风的黑白水墨墙布，局部点缀犹如画龙点睛，配套呼应窗帘的孔雀蓝，既时尚又不失韵味，让空间多了特殊的时尚高级感；时尚的水晶莲花装饰通透、灵动，在灯光照射下光彩夺目，又清澈充满灵性；地面主要铺贴 800mm 规格的全瓷通体的大理石瓷砖，花色为仿进口的天然石材爱奥尼灰花色，这款瓷砖花色大气，颜色稳重，既不是很深，也不会过分浅，与墙体的深色木作呼应，周围搭配意大利黑金花的波打线为枯燥的铺贴方式增添时尚和立体感，尤其将房间半块格局的诸多不对称设计通过地面瓷砖的切割加工做出变化，加之铺贴方式的改变，更好地平衡房间原有的格局，如图 4-9（a）所示。

包房内采用了不同类型的墙面装饰，有牡丹花鸟纹理的画框装饰，也有我国传统螺钿嵌工艺制作的屏风装饰等。螺钿嵌屏风是将天然的贝壳海螺等进行切割，并经人工打磨成薄片后，镶嵌在实木雕花屏风上的一种工艺制品，主要应用于家具、乐器、一些高档工艺品及一些传统家居用品之上，如图 4-9（b）所示。

(a)

(b)

图 4-9　××时尚海鲜酒店主题包房效果图

案 例 三

项目名称：格林 ×× 项目设计

项目面积：800m^2

设计公司：北京 ×× 建筑装饰工程有限公司沈阳第一分公司

设 计 师：秦 × 童

风格定位：新中式设计

材料与工艺解析如下。

本方案旨在打造一个低调奢华的新中式家居空间。整体感觉没有传统中式的沉闷感，更多体现的是带有东方韵味的浪漫简约感。顶棚装饰采用双层石膏板白色乳胶漆饰面，以白色石膏线条与红木色木线条搭配，白色石膏线条以回字格形式展现出中式传统韵味，又采用易融于顶面的白色，于细节处流露出东方气息的典雅韵味；红木则以简洁的直线形式使造型简约且具有现代感，巧妙地将现代装饰手法和传统中式风格相结合；墙面材料主要采用能够给人以舒适感的墙布，背景墙采用大理石与黄铜的搭配，营造出奢华感，搭配两侧木线墙布，沉稳大气的古典韵味扑面而来；地面装饰材料采用金刚大理石砖，石纹的天然美感也为整体空间营造出浪漫的质感。此外，整体家居陈设多采用实木制成，整体空间沉稳大气且无传统的压抑之感，如图 4-10 ~图 4-12 所示。

图 4-10 格林 ×× 客厅效果图（1）

图 4-11 格林 ×× 客厅效果图（2）

图 4-12 格林 ×× 客厅效果图（3）

茶室：茶室位于地下负一层，旁侧有采光井，既保证了天然光线的照入，又不会因强光影响品茶人的视觉感受，正所谓含而不露，包含中国的千年哲学。旁边即是挑空空间，开阔豁达，虽在地下，却没有拘束之感。吊顶采用轻钢龙骨石膏板工艺，配以金属造型与木质封边，将现代工艺与传统文化巧妙结合；背景墙采用花鸟图，富贵吉祥，营造古典温馨之美，大理石边框也具有古今结合的特色；地面采用大理石造型拼花，时尚感十足，配上定制酸枝木家具，新中式的韵味在茶室中自然而然地流露出来，如图 4-13 和图 4-14 所示。

餐厅：餐厅位于地下负二层，挑空空间保证了餐厅的大气奢华，边侧保留采光井，保证光线的正常进入。吊顶采用轻钢龙骨石膏板工艺，配合背景墙上棚面的定制木条造型，古韵十足；对面背景墙则采用大理石与金属相结合的工艺，展现东方的艺术之美，现代感与典雅的古韵感形成鲜明的对比，然而却不冲突，能将两种元素巧妙地融合在一起要归功于餐厅主背景墙，这样的结合既有石材与金属的现代元素，又有两侧古朴的木质造型，体现了

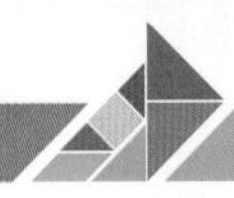

中式风格的独特魅力；地面采用拼接石材造型工艺，既保证了空间的奢华感，又与定制的木制家具融合，实现了空间整体造型的统一性，如图 4-15 和图 4-16 所示。

图 4-13　格林 ×× 茶室效果图（1）

图 4-14　格林 ×× 茶室效果图（2）

图 4-15　格林 ×× 餐厅效果图（1）

图 4-16　格林 ×× 餐厅效果图（2）

案　例　四

项目名称：新东方 ×× 项目设计

项目面积：580m²

设计公司：沈阳 ×× 装饰工程有限公司

设 计 师：蔡 × 腾

风格定位：新中式设计

材料与工艺解析如下。

本方案旨在打造高档舒适的居住空间，风格采用对比较为强烈的新中式设计，凸显中国古典文化特色底蕴的同时，避免老式沉闷，适合 30 ～ 50 岁人群。顶棚装饰采用轻钢龙骨石膏板装饰用材，内嵌 2cm 黑钛钢条，使其质感产生强烈对比，大面积吊顶造型，无主灯的设计，使空间简洁大气；墙面采用胡桃木色护墙板，结合柜体做装饰造型，与爵士白大理石搭配；局部采用质地较为粗糙的青岩板，使木材和石材的原始碰撞更具有质朴感，彰显国韵文化气息。地面使用深灰色柔抛工艺地砖，将重颜色大面积地用在地面处，使整个空间看起来更加稳重大方，如图 4-17 ～图 4-19 所示。

图 4-17　新东方 ×× 客厅效果图（1）

图 4-18　新东方 ×× 客厅效果图（2）

图 4-19　新东方 ×× 客厅效果图（3）

地下室茶室：将地下室采光最佳地点——采光井处作为地下主要功能区，即茶室。古典中式茶台搭配背后窗井造型的中式背景墙，其平整的表面搭配肌理粗糙的文化石，并衬托绿竹，让人仿佛置身于山林之中。背景墙采用石膏板，内附轻钢龙骨，中间圆形造型采用不锈钢框架，框架内贴上软膜背光画，夜晚可作为背景独立夜灯使用，如图 4-20 和图 4-21 所示。

图 4-20　新东方 ×× 地下室茶室效果图（1）

图 4-21　新东方 ×× 地下室茶室效果图（2）

餐厅：采用大面积胡桃木色与亮白色搭配的酒柜，柜门采用滑道推拉式，造型多变，增强了空间丰富性。由于地下室较潮湿，空气流通较差，因此棚顶造型不宜过于复杂。装饰吊顶内框附嵌黑钛钢条勾勒轮廓，线条硬朗，凸显空间层次。此外，为了避免部分装饰材料长久暴露在空气中导致变形，甚至引起诸如棚顶涂料脱落的现象，故在棚顶、墙面采用防水涂料涂刷，地面 PVC 卷材防水二次铺设，墙壁增加一遍水泥清灰抹平等防护措施，如图 4-22 ~图 4-24 所示。

图 4-22 新东方 ×× 餐厅效果图（1）

图 4-23 新东方 ×× 餐厅效果图（2）

图 4-24 新东方 ×× 餐厅效果图（3）

案 例 五

项目名称：南京 ×× 山庄项目设计

项目面积：142m²

设计公司：东 ××× 家居装饰集团股份有限公司南京分公司

设 计 师：赵 ×

风格定位：现代混搭设计

材料与工艺解析如下。

本方案围绕现代简约的主题进行设计。简洁和实用是现代简约风格的基本特点，空间材质追求统一，用最少量的材质表现更多的功能以及层次效果，不仅注重居室的实用性，同时也追求精致与个性的生活。地面采用质地优美含蓄的胡桃木色地板，墙面选用朴素大方的壁纸，二者结合，相得益彰，体现出现代简约之美。在踏步阳角处理上没有采用金属压边条，而是采用隐形阳角条，防止使用过程中的磕碰以及磨损，也可以延长材料的使用寿命，既不影响材料整体的协调性，又使得整体造型简洁统一；顶棚采用轻钢龙骨与石膏板装饰材料，无主灯设计使得客餐厅空间吊顶呈现一体化，灯光的布局均匀实用；墙面板材延长至吊顶，材质的延长使空间得到延伸，使得空间更显开阔大气，同时也免除了一面墙的踢脚线，使材质更加统一。注意板材上墙的处理，需要在基层做好欧松板的情况下，铺贴顺序由下及上，防止后序最后一块地板不好收口，如图 4-25 和图 4-26 所示。

图 4-25 客餐厅实景效果图

原本白色的大卫石膏像用草绿色丙烯颜料涂刷，既为整体空间增加鲜艳的配色，又增添了艺术氛围，丰富了整体空间的层次，如图 4-27 所示。

两间卧室材质以深色壁纸为背景墙，使空间更加深邃，依然采用无主灯的人性化设计，使主人即便躺在床上玩手机也不会因为灯光的直射而感到不适。居住空间本该如此简单，简洁的空间会让人的呼吸更加顺畅，少一分复杂，多一分自在，如图 4-28 所示。

卫浴空间采用托斯卡纳系列水泥瓷砖的不同类型进行搭配，砌筑浴缸，砌筑台盆柜，使得空间简约而不单调，如图 4-29 所示。

图 4-26　踏板阳角细节图

图 4-27　现场丙烯颜料涂刷石膏

图 4-28　卧室实景效果图

图 4-29　卫生间实景效果图

本方案的设计侧重突出空间的简洁和实用，尽可能用少的材料来满足空间更多的功能需求，使人感觉舒适与恬静。适度的装饰给家居增加了不可缺乏的时尚气息，使人在空间里得到精神和身体的放松。紧跟时尚的步伐，大气简洁的主色调与黄色跳舞兰和绿色大卫雕塑形成鲜明的对比，满足着现代人“混搭”的乐趣。

案　例　六

项目名称：××御景·惬然间

项目面积：200m^2

设计公司：沈阳××空间设计事务所

设 计 师：孙×川、李×雨

风格定位：现代简约设计

材料与工艺解析如下。

本方案为追求生活品质的独居青年设计，业主是位喜欢品酒、开派对的单身青年，偏爱智能化家具以及现代设计风格。顶棚装饰采用白色乳胶漆，保留部分原墙体结构，不做任何修饰，大面积的留白显得空间开阔、舒适、自然；墙面内嵌定制酒柜，与灯光结合增加高级质感，开放格内贴绿色壁纸，与红色酒柜对比，凸显视觉效果；室内所有柜门都选择不要把手的按压式柜门，整体简洁、使用方便；餐桌另一侧安放了铁板烧台，增添了生活乐趣；地面装饰采用浅灰色大理石砖与红底白纹大理石砖拼接，通过强烈对比营造出艺术美感，与酒柜相呼应，体现了完善整体的空间色彩，如图 4-30 和图 4-31 所示。

客厅：客厅是餐厅的延续，红色沙发以及楼梯处红色玻璃的加入都像是为整个空间注入了生命的活力，阳光洒下，生机盎然的绿植令人惬意，色彩的碰撞与搭配既能彰显艺术感，又与生活融合，凸显了主人的品位。

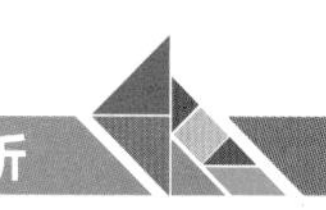

图 4-30 一楼餐厅效果图（1）

图 4-31 一楼餐厅效果图（2）

棚顶与餐厅不同，采用无主灯设计，视觉上扩大了空间，蓝色亚克力装饰吊灯增添了视觉感；墙面采用护墙板做造型，装饰画前置木饰增添质感，延续餐厅的开放风格，在沙发旁放置迷你酒台，提升了生活品质，如图 4-32 所示。

靠近楼梯转角处有专属于一人的静谧空间。背景墙采用石膏板材料做出方形造型，增加空间层次性，搭配可旋转的射灯烘托空间的美感。一个悠然自得的下午，窝在沙发里借着温暖阳光，阅读一本书籍，享受独处的惬意时光。墨绿色沙发搭配金属装饰的书柜，品质卓然，显出主人沉稳的一面，如图 4-33 所示。

图 4-32　一楼客厅效果图（1）

图 4-33　一楼客厅效果图（2）

案　例　七

项目名称：辽宁 ×× 实业有限公司办公室装饰设计项目

项目面积：860m^2

设计公司：沈阳 ×××× 装饰工程有限公司

设 计 师：杨 × 岭

风格定位：现代简约设计

材料与工艺解析如下。

本方案位于沈阳 ×× 大街 5A 级写字楼内，设计面积 860m^2。这是一家科技型投资公司，致力于科技类产业孵化项目。本方案采用“生长”作为空间的创意主题，高度契合企业文化精神。整体空间设计始于前台接待区背景墙的一棵树干造型装饰，顺势向室内办公区域延展，枝繁叶茂，成为贯穿整个空间的精彩亮点。地面铺装采用装饰材料地胶，竖向界面选用双玻百叶玻璃隔断，如图 4-34 所示。

图 4-34　接待大厅效果图

办公区域结合热转印铝型材、氟碳喷涂金属板以及亚克力等装饰材料，延展“开枝散叶”中的“叶”，空间活泼又不失秩序性，仿佛空间中的每一个办公位都成为累累的硕果，如图 4-35 所示。

图 4-35　办公区域效果图

董事长办公室营造静谧、古朴的中式空间氛围，简单的石膏板吊灯配合钨钢条处理，拉长整体空间高度。实木家具与绿植彼此呼应，突出素雅的个人品位，如图 4-36 所示。

图 4-36　董事长办公室效果图

接待区域和茶水间地面铺装地胶装饰材料，增加空间防滑性和美观性，竖向界面选用双玻百叶玻璃隔断，结合热转印铝型材、氟碳喷涂金属板以及亚克力等装饰材料；跳跃的颜色搭配与绿植相呼应，营造舒适、愉悦的空间，如图 4-37 和图 4-38 所示。

图 4-37　接待区域效果图

图 4-38　茶水吧效果图

参 考 文 献

[1] 孙纪光 . 文化石生产工艺与技术 [M]. 北京：化学工业出版社，2008.

[2] 汤留泉 . 木质与构造材料 [M]. 北京：中国建筑工业出版社，2014.

[3] 林茨 . 玻璃的妙用 [M]. 吉少雯，译 . 北京：中国建筑工业出版社，2014.

[4] 钱觉时 . 建筑材料学 [M]. 武汉：武汉理工大学出版社，2007.

[5] 景设云 . 装饰材料 [M]. 大连：大连海事大学出版社，2009.

[6] 蔡绍祥 . 室内装饰材料 [M]. 北京：化学工业出版社，2010.

[8] 刘文水，付海明，冯春喜，等 . 高掺量粉煤灰固结材料 [M]. 北京：中国建材工业出版社， 2011.

[9] 向才旺 . 建筑装饰材料 [M].3 版 . 北京：中国建筑工业出版社，2014.

[10] 吴智勇，刘翔 . 建筑装饰材料 [M]. 北京：北京理工大学出版社，2010.